彩图版

天文知识看台

高立来 编著

Wuhan University Press
武汉大学出版社

前　言
PREFACE

　　天文学是观察和研究宇宙间天体的学科，它研究的是天体分布、运动、位置、状态、结构、组成、性质及起源和演化等，是自然科学中的一门基础学科。天文学的研究对象涉及宇宙空间的各种物体，大到月球、太阳、行星、恒星、银河系、河外星系以至整个宇宙，小到小行星、流星体以至分布在广袤宇宙空间中的各种尘埃等，因此充满了神秘的魅力，是我们未来科学发展的前沿，必将引导我们时代发展的潮流。

　　太空将是我们人类世界争夺的最后一块"大陆"，走向太空，开垦宇宙，是我们未来科学发展的主要方向，也是我们未来涉足远行的主要道路。因此，感知宇宙，了解太空，必定为我们未来的人生沐浴上日月辉映的光芒，也是我们走向太空的第一步。

宇宙的奥秘是无穷的，人类的探索是无限的，我们只有不断拓展更加广阔的生存空间，破解更多的奥秘谜团，看清茫茫宇宙，才能使之造福于我们人类的文明。

宇宙的无限魅力就在于那许许多多的难解之谜，使我们不得不密切关注和发出疑问。我们总是不断地去认识它、探索它，并勇敢地征服它、利用它。古今中外许许多多的科学先驱不断奋斗，将一个个奥秘不断解开，并推进了科学技术的大发展，但同时又发现了许多新的奥秘现象，不得不向新的问题发起挑战。

为了激励广大读者认识和探索整个宇宙的科学奥秘，普及科学知识，我们根据中外的最新研究成果，特别编辑了本套丛书，主要包括天文、太空、天体、星际、外星人、飞碟等存在的奥秘现象、未解之谜和科学探索诸内容，具有很强的系统性、科学性、前沿性和新奇性。

本套系列作品知识全面、内容精练、文章短小、语言简洁，深入浅出，通俗易懂，图文并茂，形象生动，非常适合广大读者阅读和收藏，其目的是使广大读者在兴味盎然地领略宇宙奥秘现象的同时，能够加深思考，启迪智慧，开阔视野，增加知识，能够正确了解和认识宇宙世界，激发求知的欲望和探索的精神，激起热爱科学和追求科学的热情，掌握开启宇宙的金钥匙，使我们真正成为宇宙的主人，不断推进人类文明向前发展。

目 录
CONTENTS

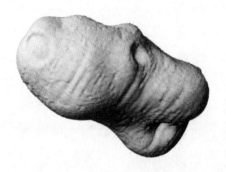

水星上面没有水

　　有人说水星上面一定全是水吧，其实不然，水星和水完全是两回事。水星是我们中国人的叫法。古希腊人因为看到水星的运行速度快，绕太阳的公转时间最少，所以把希腊神话中跑得最快的信使"mercury"，即"墨丘利"的名字作为水星的名字，直至

现在，英文里，水星的名字还叫"mercury"呢！

在太阳系的行星中，水星"年"时间最短，但水星"日"却比别的行星更长，水星绕太阳一周需要88天，而自转一周是58.65天，地球自转一周就是一昼夜，而水星自转3周才是一昼夜。

水星上一昼夜的时间，相当于地球上的176天。与此同时，水星也正好公转了两周。因此人们说水星上的一天等于两年，如果地球人到了水星该是多么不习惯啊！

水星是太阳系成员中最小的一颗行星，个头儿和月亮差不多。水星还是离太阳最近的一颗行星，也许它是太阳系家庭成员中的小弟弟，所以太阳把它"搂"在自己身边旋转，给它更多的

"温暖"。因为没有大气的调节，距离太阳又非常近，所以在太阳的烘烤下，向阳面的温度最高时可达430度。这样高的温度，锡、铅等金属会熔化，水则变成水蒸气，如果水星真的有水，朝向太阳的一面，在烈日暴晒下，早已化成水蒸气散到宇宙中去了。另外，水星的体积很小，吸引力也很小，它的引力没能力把这些水蒸气吸引在自己的身旁。水星背向太阳的一面，长期不见阳光，温度在零下160度以下，所以这里也不可能有液态的水。

水星的昼夜温差近600度，夺得了行星表面温差最大的冠军，这真是一个处于火和冰之间的世界。

1991年，科学家在水星的北极发现了一个不同寻常的亮点，造成这个亮点的可能是在地表或地下的冰。

水星上真的有可能存在冰吗？由于水星的轨道比较特殊，在

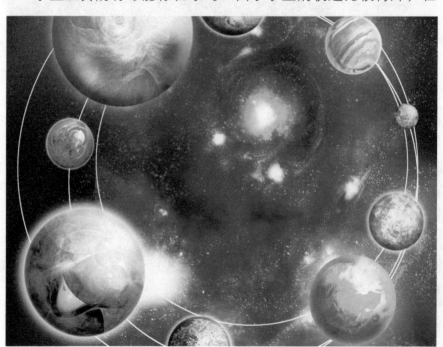

它的北极，太阳始终只在地平线上徘徊。在一些陨石坑内部，可能由于永远见不到阳光而使温度降至零下161度以下。这样低的温度就有可能凝固从行星内部释放出来的气体或积存从太空来的冰。水星的质量只有地球的5％，它的引力太小，没有办法把大气留在自己周围，所以它是没有大气的行星。因此水星上没有风云变幻，也没有电闪雷鸣。

小知识大视野

当水星受到巨大的撞击后，就会有盆地形成，周围则由山脉围绕。在盆地之外是撞击喷出的物质以及平坦的熔岩洪流平原。此外，水星在演变过程中，表面还形成许多褶皱、山脊和裂缝，彼此相互交错。

难以探测的金星

金星是太阳系八大行星中距地球最近的一颗行星，在地球内侧的轨道上运行。它也是浩瀚星空中最亮的一颗启明星。但是金星总是被浓厚的云层包围着，即使用天文望远镜也很难窥见它的真面目。

金星的外表最像地球，且质量和大小都同地球相近，因此人们一直把它看作是地球的孪生星球。然而，金星在许多方面也与地球迥然不同，它逆向自转，而且速度很慢，周期为243天，比它绕太阳公转的周期还长18.3天，也就是说金星上的一天比地球上的一年还长。

　　由于金星上面的大气实在太厚，比地球大气浓密近百倍，而且总是一面朝向地球，另一面要隔200年才能看见一次，所以在20世纪50年代以前谁也不知道它是什么模样。当雷达的回波传到地球之后，人们无不为之惊奇：原来在浓密的大气之下，金星是一个表面温度高达480度的火球。同时，金星上有无数火山不断喷

发，加剧了金星大气的对流，形成一年到头的狂风，风力比地球上的台风还要猛烈6倍。

面对这样的高温和充满狂风的世界，空间探测器也很难接近它进行考察。苏联于1961年2月12日发射的"金星1号"，是第一个飞向金星的探测器。这个探测器重643千克，在距金星96000千米处飞过，进入太阳轨道后由于通信中断，没有探测结果。1967年1月12日发射的"金星4号"，于同年10月18日直接命中金星，它测量了大气的温度、压力和化学组成，第一次向地面发回探测数据。"金星4号"的质量为1100千克，装有

自动遥测装置和太阳能电池板。发射5周后，"金星4号"上的通信和探测仪器开始按计划工作。登陆舱直径1米，质量383千克，其外部还有一层很厚的防热材料。

在金星大气阻力作用下，"金星4号"速度减小至300米/秒，然后降落伞张开，在进入大气层后大约一个半小时在金星表面硬着陆。此时通信突然中断，可能是因为登陆舱的天线损坏或登陆舱进入到岩石的背面，也可能是由于金星大气的温度和压力比预料的高得多，登陆舱在降落过程中损坏了。苏联发射的"金星4号"到达金星轨道，然后向金星释放一个登陆舱。在它穿过大气层的94分钟内，发回了金星的测量数据。这是人类获得的第一批金星实地考察资料。

小知识大视野

苏联的"维加1号"和"维加2号"探测器，在1985年6月9日和13日与金星相会，向金星释放了充氦气球和着陆舱，它们携带电视摄像机对金星大气和云层进行了探测，探测了金星的高速大环流，钻探和分析了金星土壤。

金星的表面温度特别高

由宇宙飞船发回来的直接测量结果，我们知道了金星的表面温度大约是470度，表面压力是90个大气压。这样高的温度和压力，在金星上烤牛排都用不着买烤箱或微波炉了。

金星的表面温度为什么这样高呢？原来，金星大气层里的主角是二氧化碳，含量高达90％以上，水蒸气是配角，还有少量的其他气体。金星的大气层和云层像半透明的天窗把金星团团围成一个巨大的温室。

当太阳光透过"天窗"到达金星表面时，金星表面受热升温，并尽力将热量反射到空中。但温室的天窗会对热量反射严格把关，不让热量通过，只有一点点漏网，这样，太阳的热量就被积蓄下来，金星的表面温度升高了，并稳稳地站住在470度左右。可见地球如果不注意工业二氧化碳的排放量，也会产生温室效应。

作为体积、密度、质量与地球相近的"姐妹星"，金星的气候为何与地球大相径庭？其严重的温室效应是如何形成的呢？金

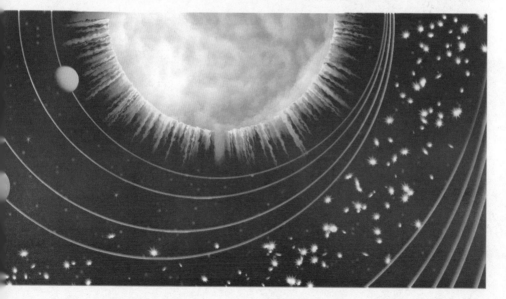

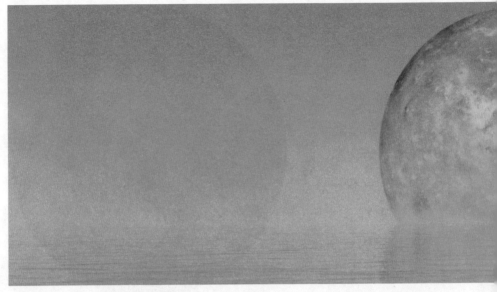

星上大气的逃逸，被认为是造成金星上缺水而被富含二氧化碳的稠密大气所笼罩，从而导致严重温室效应的原因。该研究成果对揭示金星大气的演化以及气候变化具有重要意义，同时对地球气候长期演化研究也有借鉴意义。

金星的大气中二氧化碳的大量存在，造成严重的温室效应，导致金星表面温度如此之高，仅只有云层顶端的环境比较接近地球。温室效应使金星表面温度各处相差无几，始终是足以熔化锡、铅、锌之类的高温。

大量二氧化碳的存在使得温室效应在金星上大规模地进行着。在近赤道的低地，金星的表面极限温度可高达500度。如果没有这样的温室效应，温度会比现在下降400度。

尽管金星的自转很慢，但是由于惯性和浓密大气的对流，昼夜温差并不大。大气上层的风只要4天就能绕金星一周来均匀地传递热量。

小知识大视野 ◆◆◆◆◆◆◆◆◆◆◆◆

金星同月球一样，也具有周期性的圆缺变化，但是由于金星距离地球太远，我们肉眼是无法看出来的。金星的相位变化，曾经被伽利略作为证明哥白尼的日心说的有力证据。

火星上发生的尘暴

火星上也有尘暴，1971年，当美国的"水手9号"火星探测器刚刚走了一半的路程时，整个火星正被一场大尘暴所包围。火星表面70000米至80000米的高空被尘埃笼罩，白茫茫的一片，根本无法观测；除了赤道附近隐约见到4个坑洞外，其他地方模糊一

片，什么也看不清。这场特大尘暴竟连续不断地刮了半年时间才渐渐平息下来。这在地球上是从未有过的。

火星表面的尘暴，是火星大气中独有的现象，其形状就像一种黄色的云。整个火星一年中有1/4的时间都笼罩在漫天飞舞的狂沙之中。

由于火星土壤含铁量甚高，导致火星尘暴染上了橘红的色彩，空气中充斥着红色尘埃，从地球上看去，犹如一片橘红色的云。

火星上风暴的风速之大是无法形容的。地球上的大台风，风速是每秒60多米，而火星上的风速竟高达每秒180多米。经过几

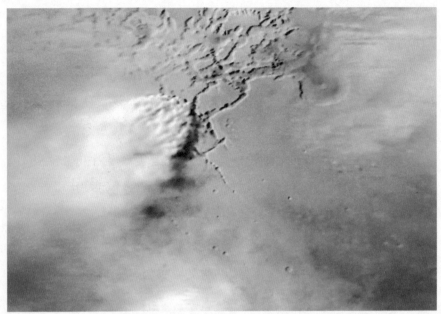

个星期之后，尘暴很快蔓延开来，并从南半球发展到北半球，甚至把整个火星都笼罩在尘暴之中。

形成全球性大尘暴后，太阳对火星表面的加热作用开始减弱，火星上温差减小，尘埃逐渐平息下来，回降到表面，一次长达好几个月的大尘暴就这样结束了。

火星尘暴是如何形成的呢？一般的解释是，太阳的辐射加热起了重要作用，特别是火星运行到近日点，太阳的辐射非常强，引起火星大气的不稳定，使昼夜温差加大，而加热后的火星大气上升便扬起灰尘。

当尘粒升到空中，加热作用更大，尘粒温度更高，这又造成热气的急速上升。热气上升后，别处的大气就来填补，形成更强劲的地面风，从而形成更强的尘暴。

这样一来，尘暴的规模和强度不断升级，甚至蔓延到整个火星，风速最高可达每秒180米。由此可见火星尘暴的厉害。

火星尘暴时有发生，但多半是局部性的。

局部尘暴在火星上经常出现。那是由于火星大气密度不到地球的1％，风速必须大于每秒40米至50米才能使表面上的尘粒移动，但一经吹动之后，即使风速较小，也能将尘粒带到高空。典型的尘暴中绝大部分尘粒估计直径约为10微米，最小的尘粒会被风带到50000米高空。

小知识大视野

火星表面的尘暴，是火星大气中独有的现象，整个火星一年中有1/4的时间都笼罩在漫天飞舞的狂沙之中。由于火星土壤含铁量甚高，导致火星尘暴染上了橘红的色彩，从地球上看去，犹如一片橘红色的云。

火星能否成为第二个地球

火星是太阳系八大行星之一，其自转轴的倾角也几乎和地球相同。因而，火星也有四季变化，气温比地球低，生存条件仅次于地球。火星与地球明显不同的是，火星的公转周期几乎是地球公转周期的两倍，所以，火星上每个季节要持续6个月，而不是3个月。

火星是唯一能用望远镜看得很清楚的类地行星。科学家推测，火星曾比现在更温暖潮湿，可能出现生命。

　　除了地球之外，太阳系中最适合生命存在的星球恐怕就数火星了。火星到太阳的距离大约是地球到太阳距离的1.5倍，火星上单位面积所接到的太阳光和热是地球的43％。火星两极地区夜间温度在零下139度以下，火星赤道中午时的温度可达20度。火星平均温度在零下23度以下，这与地球南极洲的年平均气温零下25度接近。

　　火星的大气非常稀薄，主要成分为二氧化碳和少量的氮、氩、氧等。火星的大气压力只有地球大气压的1/200。水蒸气只有地球大气中水蒸气的1/1000。火星自转一周是24小时37分23秒。

它表面重力加速度只有地球表面的2/5。火星围绕太阳公转的周期为687天，相当于地球的两年。

火星基本上是沙漠行星，地表沙丘、砾石遍布，没有稳定的液态水体。二氧化碳为主的大气既稀薄又寒冷，沙尘悬浮其中，每年常有尘暴发生。火星两极皆有水冰与干冰组成的极冠，会随着季节消长。

2001年10月，美国"奥德赛号"火星探测器进入火星大气轨道并传回大量的观测数据。数据显示，火星南半球上有冰水存在的迹象。接着，美国太空科学研究人员又相继剖析了"奥德赛"火星探测船发回的数据，结果发现火星表面不深的地方，可能埋

藏着多得超出想象、以冰冻状态存在的水，足以支持人类将来在火星进行探险活动。火星地下含冰层的深度随纬度不同而有所差异。在火星南纬60度地区，表面之下0.6米处就是含冰层。南纬75度地区的含冰层相对较浅，距离火星表面仅0.3米。

除南半球外，火星北半球也有类似的地下含冰层。火星的泥土含盐量较高。美国"海盗号"探测飞船在火星表面10多米的范围内获取了土壤样品，结果没有发现微生物，也没有找到有机分子。尽管如此，火星仍然是太阳系中最适于生命存在的星球。

小知识大视野

太空专家研究指出，火星地下冰冻水的水域面积达到57441平方千米，水深281米，比容量4875立方千米的美国密执安湖2倍还多，足以填满超过114个青海湖。

人类对火星的探测

人类使用空间探测器进行火星探测的历史几乎贯穿整个人类航天史。几乎就在人类刚刚有能力挣脱地球引力飞向太空的时候，第一个火星探测器就开始了它的旅程。

人类从20世纪60年代就开始向火星发射探测器，其中贡献最

大的是在1975年8月和1976年6月由美国发射的"海盗1号"和"海盗2号"探测器。美国国家航空航天局的海盗号探测计划是有史以来最为成功的火星探测计划之一。它们由两部分组成，一个轨道器和一个着陆器。

"海盗1号"成为第一个在火星上着陆，并且成功向地球发回照片的探测器。"海盗1号"的轨道器在轨道上一直工作至1980年8月17日，而着陆器使用核能作为电力来源，在火星表面正常工作超过6年，直至1982年11月13日错误指令导致失去通信联系为止。

"海盗2号"的轨道器在轨道上一直工作至1978年7月25日，而着陆器在火星表面正常工作了3年多，直至1980年4月11日电池故障导致通讯联系中断。"海盗号"火星探测计划总共向地球发回了数万张高清晰照片，而"海盗1号"迄今为止依然保持着在火星表面存活时间最长的纪录。

20世纪70年代，苏联曾向火星发射探测器，但探测器利用大型降落伞着陆后，就与地面失去了联系。科学家分析，这可能是降落伞在降落时遇上了火星大风暴，狂风使探测器撞上巨石毁坏。

美国吸取了这种教训，通过雷达对火星表面的扫描，选择了一处叫"克里寒"的平原，然后向探测器发出登陆指令，登陆舱接到指令，首先顺利地放下外面的除冰防护罩，展开降落伞，点燃3具减速火箭，缓慢地降落在火星平原上，然后向地球传回第一批火星表面照片。

无线电波途经3亿多千米，历时20分钟才传到地面，从此人类看清了火星真面目。

到目前为止，人类已经有超过30个探测器到达过火星。这些探测器对火星进行了详细的考察，并向地球发回了大量数据。当然，在火星探测过程中也充满了坎坷，大约有2/3的探测器，特别是早期发射的探测器，都没有能够成功地完成它们的使命。

小知识大视野

1971年，美国的"水手9号"宇宙飞船飞向火星，从拍摄的照片看，火星是一片赤红色的不毛之地。火星大气有少量的水蒸气，如果这些水蒸气全部化成水的话，只能覆盖火星表面0.01毫米。

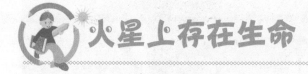

很多年来，科学家们一直在研究火星上是否拥有生命。根据目前我们所掌握的知识来看，火星上是有希望存在生命的。

火星探测器"水手9号"从火星上方1600千米的位置上，对火星的所有区域进行观察，并没有发现有生命迹象。但是，用同样

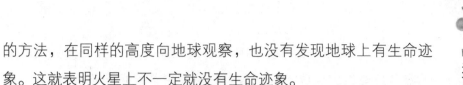
的方法，在同样的高度向地球观察，也没有发现地球上有生命迹象。这就表明火星上不一定就没有生命迹象。

火星上的大气非常稀薄，只有地球上大气密度的1%，而且，它的成分几乎都是二氧化碳。还有，火星距离太阳的距离是地球的一倍半，那里的温度会像地球南极洲地区夜间的温度那样低，而在它的两极地带，低温会使二氧化碳冻结成为固体。

如果没有更好的保护措施，人类是无法在这样的环境里生存的。不光是人类，就连地球上的任何动物都无法生存。这是不是就意味着火星上不存在能适应火星条件的高级生命形态呢？应该说，存在的机会很小，但不能说绝对没有。

像地衣一类的植物和细菌类的微生物，它们存在的机会就要大得多，或许，火星上的环境对它们来说还是相当不错的。

火星上有丰富的二氧化碳，肯定还含有水分。有了这些东西，生命就能够形成，既然地球上有某些十分简单的生命形态可以在类似火星的条件下继续生存下去，那么，从一开始就适应于火星条件的生命形态，就更应当如此了。

"水手9号"所拍摄的照片表明，火星上的条件不一定总像目前那样严酷：火星上有火山地带，有一座大火山叫尼克斯·奥林匹亚，这座山的直径比地球上的任何一座火山都要大。这表明火星从地质学上说是一个活跃的世界，它正处在变化之中。

火星上有一些曲折的线条，人们都觉得这些东西看起来像是河道，有的天文学家甚至认为，这些线条的外表就能说明，不久以前，这里有水流过。

可能火星会交替着经历两种状态。一种是漫长的冬天，这时

候，大部分大气都冻结了，只剩下极其稀薄的一点儿；另一种是漫长的夏季，这时候，全部大气都将化为气体，大气层会跟地球的一样稠密。也许，火星上的生命目前正在火星的土壤里休眠，一到长夏来临，大气浓厚起来，水也流动起来时，那里的生命就会欣欣向荣地生长起来。

小知识大视野

　　火星的低压下，水无法以液态存在，只在低海拔区可短暂存在。而冰倒是很多，如两极冰冠就包含大量的冰。2007年3月，美国国家航空航天局就声称，南极冠的冰假如全部融化，可覆盖整个星球达11米深。

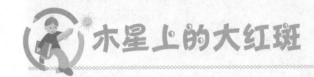

木星上的大红斑

　　大红斑是木星的一个特征，它大到足以圈下3个地球。1660年，人类对这块大红斑作了首次描述，多年来，人们一直在观察它。现在它已经改变了颜色和形状，但它从来没有完全消失过。目前普遍认为，它是木星上层大气中一次持久的风暴。

早在几百年前，天文学家就发现木星的表面有一个奇特的大红斑。这个大红斑长近40000千米，宽10000多千米，呈卵圆形。

大红斑的大小和颜色不断变化，长度在20000千米至40000千米之间变化，有时它非常明亮，颜色艳丽，有时又变淡，颜色变浅。

但大红斑中心的纬度却基本上固定不变，就好像是被什么东西把它拴在了木星上。

直至看了探测器发回的大量照片，人们才对木星大红斑有了了解。大红斑其实是一团急骤上升的强劲下沉气流，它逆时针方向旋转，高高地矗立于云层里。云层之中还有不少大小不等、形状各异的斑点，也都是木星大气运动造成的，只是不如大红斑那么巨大醒目。

这个气流物质中含有大量的红磷化物，所以呈深褐色。木星大红斑的面积足有3个地球那么大，其表面温度非常低，大约为零下160度。

这个大红斑的位置并不是固定不变的，而是在不断地移动。木星的大红斑大致位于南纬23度处，它的南北宽度经常保持在

14000千米，东西方向上的长度在不同时期有所变化，最长时达40000千米左右，一般长度在20000千米至30000千米。

在大红斑中心部分有个小颗粒，是大红斑的核，其大小约几百千米。这个核在周围的反时针漩涡运动中维持不动。大红斑的寿命很长，可维持几百年或更长久。

根据最新的观测结果显示，科学家发现木星大红斑中红色最明显的区域印证了冷风暴系统内部存在热核心的理论；而观测图像中风暴边缘深色的线条显示出风暴爆发所释放出的气体正在向星球的内部漫延。

小知识大视野

木星大气的厚度有10000多千米，这些大气主要由氢和氦组成，也存在少量的氨气和甲烷。在木星大气中，氢大约占82%，其次是氦，约占17%；这些气体形成了大块的云朵，漂浮在木星表面的上空。

未来的太阳

　　木星是太阳系中体积最大的一颗行星，它的体积是地球的
1300多倍，质量也大得惊人，是其他七大行星总和的2.5倍还多，

而且木星还有16颗卫星。因此，木星素来有太阳系"老大哥"的称号。

　　然而，这位"老大哥"个子虽大，却非常软弱无力，其平均密度还不及地球平均密度的1/4，平均每立方厘米的物质仅重1.33克，只比地球上的水稍重一点点。

　　这就告诉我们，木星是液态的星球。木星也的确没有地球陆地那样的固体表面，其表面是液态氢形成的"海洋"。

　　如果我们人类能够登上木星，那在木星上是站不住脚的，我

们只能像鱼儿一样游动着前进，或者把宇宙飞船建成像船舶一样，然后手握船桨在木星上荡漾。

木星上的氢气之所以会变成液态的形式，是因为木星自身重量和体积太大的缘故。木星是特殊的行星，这不仅因为它个大而且沉的缘故，还因为它具备了恒星的某些特征。

首先，木星表面的温度为零下148度，而根据木星从太阳那里获得的能量计算，木星表面的温度应该只有零下168度才对，那么中间20度的温差是怎么回事呢？

不仅如此，我国天文学家经过长期的研究发现，几千年来，太阳系的亮度正在呈现减弱的趋势，而木星却相反，它的亮度每年竟然会增加2％，难道木星内部存在热源？

科学家们深入地研究，结果发现木星释放的能量是它从太阳那里所获得能量的两倍，这就说明其中的能量有一半来自于木星内部。

行星是无法自己发光发热的，那么发光发热的木星又怎么会归属于行星呢？

所以很多科学家认为，木星并不是严格意义上的行星，他们相信，未来的木星将会演变成真正的恒星。

木星是由液态氢和一些

氢气所构成，它同太阳有着类似的大气成分。虽然木星目前的体积和质量分别只及太阳的1/1000。

但科学家们指出，木星凭借自身巨大的引力，它正在吸收大量的星际气体和尘埃。木星的质量必将朝着越来越大的方向发展。而一旦木星质量比现在再大10多倍，它内部的物质就会发生热核反应。

何况，木星还在不断吸收太阳的热量，长此以往，木星的能量将会越来越大，越来越热，越来越亮。

这样，若干年后，当太阳临近它的暮年之时，木星就可能一跃成为恒星，从而取代太阳的地位，最终木星会像太阳那样普照大地。

小知识大视野

木星，距太阳按照由近及远的顺序为第五，也为太阳系体积最大、自转最快的行星。我国古代称为"岁星"。西方一般称为"朱比特"，源自罗马神话中的众神之王，相当于希腊神话中的宙斯。

土星光环的消失

土星，是太阳系里八大行星之一，至太阳距离由近到远位于第六，体积则仅次于木星。土星与木星、天王星及海王星同属气体巨星。

土星有土星环，截止2012年已发现62颗卫星。我国古代称土星为"镇星"或"填星"。

土星可算是太阳系中较为奇特的一颗行星，在望远镜中看来，它的外表犹如一顶草帽，在圆球形的星体周围有一圈很宽的"帽檐"，这就是土星光环，又称土星环。土星戴着的光环曾被认为是不可思议的奇迹。

光环的存在使得土星成为群星中最美丽的一颗，令观赏者赞叹不已。几百年来，人们一直以为太阳系中唯独土星才有光环。

直至20世纪70年代后期至80年代后期，天王星环、木星环和海王星环的相继发现才使这一观点得以改变。但是它们都没有土星的光环那么壮观。可是这么奇丽的光环，每隔10多年就会消失一段时间。

起初，人们对这种现象迷惑不解，后来才知道，土星的光环并没有真的消失，而是它以不同的角度朝向我们。

土星的光环有20多万千米宽，但却很薄，只有15千米至20千米厚。当土星倾斜着围绕太阳运行的时候，光环有时斜对着地球，有时侧面对着地球。因此，我们看到的光环有时宽些，有时窄些，当光环刚好侧对着地球时，我们就看不见它了。

土星围绕太阳运行一周，大约需要29年半的时间，在这期间里，土星的光环有两次侧面对着地球的时候，也就是说大约每隔15年，光环就会消失一次。

土星的美丽光环是由无数个小块物体组成的，它们在土星赤道面上绕土星旋转。

土星卫星的形态各种各样，五花八门，使天文学家们对它们产生了极大的兴趣。

最著名的"土卫六"上有大气，是目前发现的太阳系的所有卫星中，唯一一个有大气存在的卫星。这么美丽的光环，我们地球将来能够拥有吗？

我们知道，土星外围光环是一堆岩石，因为地球排第三位，而太阳系的陨石堆都在火星与木星距离的空间或在海王星以外，它们都受太阳影响。因为土星与木星都有非常强大的引力吸引它们，而地球不仅远离它们又没有土星与木星这么大的质量，所以地球不可能拥有光环。

小知识大视野

土星是太阳系八大行星中第二大行星。它还是太阳系中卫星数目最多的一颗行星，周围有许多大大小小的卫星紧紧围绕着它旋转，就像一个小家族。

称为"懒汉星"的天王星

我们都知道，环绕太阳的行星中，有的直立身子，像水星、金星和木星：有的稍微倾着身子，如火星、土星和地球。唯独天王星最"懒惰"，就好像是在公转轨道面上"躺着转"，所以叫"懒汉星"。

天王星是太阳向外的第七颗行星，在太阳系的体积是第三大，质量排名第四。它的名称来自古希腊神话中的天空之神乌拉

诺斯。

　　天王星的自转轴与它的轨道面只有很小的交角，这使得天王星上春夏秋冬的更替十分特别，太阳直射到哪一极上，那里就是夏季，而背对太阳的一极便是冬季。

　　天王星绕太阳一周需要84个地球年，在低纬度地区，天王星在这84个地球年中的大部分时间处于昼夜交替的春秋季节，冬夏的时间较短；而在高纬度地区，天王星则多年处于旭日高悬的夏

天或是漫漫长夜的冬季；天王星的两极地区没有"明媚的春光"和"金黄的秋季"，基本上是42年的夏天和42年的冬夜交替出现。

天王星的直径是51800千米，是地球的4倍，而它的质量约为地球的14.5倍。虽然天王星的个体比地球大许多，但它的自转速度依然很快，也是大约24小时转一周。

天王星的周围有浓密的大气层包围，呈现蓝色的外貌。大气的主要成分是氢和甲烷。虽然穿着厚厚的"衣服"，天王星仍

然感到寒冷刺骨，因为它离大火炉——太阳的距离太远了。

天王星接受的太阳能量只相当于地球的3‰，据估计，它表面的温度在零下200度左右。天王星的卫星，目前发现的数目已达10多颗，也许还会增加，因为我们对它了解还不是很多。

天王星在被发现是行星之前，已经被观测了很多次，但都把它当作恒星看待。

对天王星观测最早的纪录可以追溯到1690年。约翰·佛兰斯蒂德在星表中将他编为金牛座34，并且至少观测了6次。

法国一位天文学家在1750至1769年也至少观测了12次，包括一次连续4夜的观测。

小知识大视野

天王星是太阳向外的第七颗行星，它的名称来自古希腊神话中的天空之神乌拉诺斯，是宙斯的祖父。天王星是第一颗在现代发现的行星，亮度是肉眼可见的。这也是第一颗使用望远镜发现的行星。

"倒霉蛋"的冥王星

与其说冥王星是冥界的主宰，不如说它是"九兄弟"中的倒霉蛋。它受到太阳的温暖最少，而且因为行为怪异，被人们认为它不应与其他八大行星"称兄道弟"。

自从冥王星被发现的那天起，冥王星便与"争议"二字联系

在了一起，一是由于其发现的过程是基于一个错误的理论；二是由于当初将其质量估算错了，误将其纳入到了大行星的行列。

1930年，美国天文学家汤博发现冥王星，当时错估了冥王星的质量，以为冥王星比地球还大，所以命名为大行星。然而，经过进一步观测，发现它的直径只有2300千米，比月球还要小。

等到冥王星的大小被确认后，"冥王星是大行星"这一说法早已被写入教科书，以后也就将错就错了。冥王星轨道最扁，以致人们发现冥王星有时离太阳比海王星还近。人们只看到它在轨道上走了不到1/4圈，因此过去对其知之甚少。

冥王星质量远比其他行星小，甚至在卫星世界中它也只能排

在第七、第八位左右。冥王星表面温度很低，它上面绝大多数物质只能是固态或液态，即其冰幔特别厚，只有氢、氦、氖可能保持气态，如果上面有大气的话也只能由这三种元素组成。

进入21世纪，天文望远镜技术的改进，使人们能够进一步对海王星外天体有更深了解。2002年，被命名为"夸欧尔"的小行星被发现，这个新发现的小行星的直径为1280千米，要长于冥王星的直径的一半。

2004年，被命名为"塞德娜"的小行星的最大直径也达到了1800千米，而冥王星的直径也只不过2320千米左右。2005年7月9日，又一颗新发现的海王星外天体被宣布正式命名为"厄里斯"。根据厄里斯的亮度和反照率推断，它要比冥王星略大。就连冥王星的显著特征，即它的卫星和大气，也并不是独一无二的，海王星外天体带中的一些小行星也有自己的卫星。而且厄里

斯的天体光谱分析也显示它和冥王星有着相似的地表，此外厄里斯也有一个较大的卫星"戴丝诺米娅"。

2006年8月24日，该行星经在布拉格举行的国际天文联合会的讨论，从九大行星行列中排除，正式降格为矮行星，因为最近在太阳系边缘发现了小行星带，那里许多小行星都比冥王星大。

小知识大视野

在希腊神话中，冥王星是地底世界之神。2009年有科学家确定，冥王星的大气比以前认为的更加温暖，不过这里的温暖是相对而言。这颗矮行星周围的大气温度非常低，一般是零下180度，而冥王星表面温度低达零下220度。

冥王星的不同之处

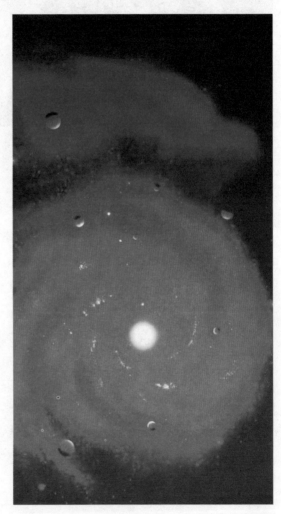

冥王星，或被称为134340号小行星，它曾经是太阳系九大行星之一，但后来被降格为矮行星。它距离太阳约59亿千米，是距离太阳最远的一颗行星，因而备受人们注意。冥王星也确实具有一些不寻常的特性，因而与其他大行星很不相同。

冥王星有比其他各大行星形状更扁长的椭圆轨道。有的时候，它离太阳会近到43亿千米；有的时候却远达72亿千米。当冥王星离太

阳最近时，它要比海王星还接近太阳，因此有一段时间它不再是最远的一颗行星。

冥王星的轨道在所有大行星当中是最倾斜的。如果在太阳的一侧把所有的行星在它们的轨道上排成一列的话，它们差不多刚好一个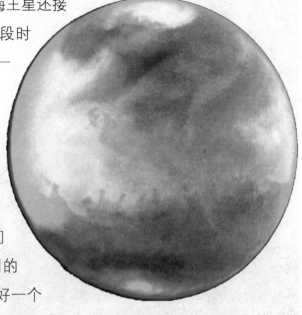挨着一个，只有冥王星是例外。冥王星的轨道平面与我们的地球轨道平面成17度角，因此，它既可能高踞于其他行星的总平面之上，也可能远远落在它们的总平面之下。

除冥王星外，八大行星可分成两类。第一类是靠近太阳的4颗行星：水星、金星、地球和火星，这些行星都比较小，密度比较大，相对来说没有多少大气。

此外，还有4颗较远的行星：木星、土星、天王星和海王星，它们是大行星，密度小，大气层很厚，冥王星不属这些"气儿吹成的大块头"之列，但却像内行星一样，是一个小小的世界。这与它所处的位置确实有些不相称。

除水星和金星外，其他行星离太阳太远了，万有引力效应会使它们的运动减慢。它们都可以说是绕着自己的轴心迅速转动着

的。它们的运转周期从10小时至25小时。但是，冥王星的自转周期是153小时，差不多是7天。

冥王星为什么这地走极端呢？这样与众不同的原因是什么呢？有人提出了一个特别有意思的设想。这种设想认为：冥王星在一开始并不是颗行星，而是海王星的一颗卫星，而在某种宇宙灾变中，它从自己的卫星轨道上被抛了出来，成了独立的行星。

作为一颗卫星，它可以是小而致密的，无需像真正的外行星那样一定得是那种气儿吹成的大块头。而且，它还能以自己在海王星重力作用下绕海王星运行时所具有的旋转速度自转下去。这时，冥王星就很容易以7天为自己的自转周期了。当冥王星从海王

星那里被甩出去时，它可以保持自己的自转周期，同时以最特殊的身份成了一颗行星。

小知识大视野

冥王星，是由克莱德·汤博根据美国天文学家洛韦尔的计算发现的，并以罗马神话中的冥王普路托命名。还没有太空飞行器访问过冥王星。甚至连哈勃太空望远镜也只能观察到它表面上的大致容貌。

海王星的发现过程

　　100多年前，人们一直以为太阳系里只有水星、金星、地球、火星、木星和土星6个行星。

　　1781年3月13日，一名叫赫歇尔的英国天文爱好者用自制的227倍天文望远镜观察星空时，发现了一颗异常明亮的星星。

后来他换上460倍和932倍的目镜观测，发现这颗星的直径随着天文望远镜的放大率增加而增大。

经验告诉他，这不是一颗恒星，因为恒星的直径是不随放大率增加而增大的，于是他断定这是藏于太阳系里的一颗新行星。这颗新行星就是大名鼎鼎的天王星。

赫歇尔的发现轰动了全世界，因为这是人类认识太阳系以来具有划时代意义的大事。

赫歇尔的伟大发现绝不是一次侥幸的事情，而是他用长年累月亲手磨制越来越大的望远镜，并且经过勤奋观测和搜索出来的成就。在赫歇尔的精神鼓舞下，天文学家又发现了海王星和冥王星。也在这一年，34岁的法国天文学家勒威耶开始独立地对天王星运动进行计算研究。勒威耶是较有名的天文学家。

一名叫伽雷的年轻天文学家，用望远镜在勒威耶指出的位置上发现了一颗陌生的星，这就是太阳系第八大行星，即海王星。这一天是1846年9月18日。所以人们把海王星叫作"笔尖上发现的行星"。

关于海王星的内部构造，目前还知道得不那么清楚。据推

测，它的核心部分主要是由岩石构成的，质量也许与地球差不多，核心部分的温度估计为2000度至3000度。

海王星的内部构造必然有它的独特之处，不然它的磁场就不会那么特殊了，只不过以目前人类的科技水平，还不能把它的独特之处全部找出来。海王星直径约49500千米，体积为地球的56倍。它的公转周期为165年，它自1846年被发现以来，到现在刚刚走完一周。

1989年8月24日，经过12年飞行的"旅行者2号"终于飞临海王星，最近时离海王星表面只有4827千米。从照片上看，海王星呈现出一个狂风呼啸，乱云翻滚的世界。

小知识大视野 ◆◆◆◆◆◆◆◆◆◆◆◆◆

海王星在直径上小于天王星，但质量比它大。海王星的质量大约是地球的17倍，而类似双胞胎的天王星因密度较低，质量大约是地球的14倍。海王星以罗马神话中的尼普顿命名，因为尼普顿是海神，所以中文译为"海王星"。

海王星呈短弧状的环

海王星是远日行星之一，按照同太阳的平均距离由近及远排列，为第八颗行星。它的亮度仅为7.85等，只有在天文望远镜里才能看到它。由于它那荧荧的淡蓝色光，西方人用罗马神话中的

海神——"尼普顿"的名字来称呼它。在中文里，把它译为海王星。海王星有着暗淡的天蓝色圆环，光环共有4个：两个亮环、一个较暗的内环以及一个可能连接到海王星大气的弥散环。有趣的是，它的最外围的亮环——亚当斯环上有5段明亮的短弧线。

这一奇异现象是怎么回事呢？

一种简单的说法是：亚当斯环有一个17千米宽的致密核心，外围是一个宽约50千米的弥散尘埃晕。亮弧段可能是被一些直径不大于10千米至15千米的小卫星隐没了，在它周围又聚集了更多的环状物质，因而成为一段段亮弧。

而美国行星环专家彼科则认为，事情没有这样简单。他注意

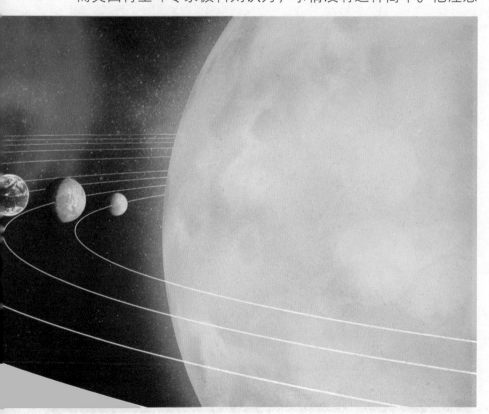

到亚当斯环内有一颗距它只有1000千米，直径为150千米的卫星嘎拉提亚。两者的运行周期之比为43：42。由于这种近乎同步的运转关系，卫星对环产生共振性的扰动，迫使环上的粒子改变其均匀的分布状态，至于弧环为何十分密，那可能是一颗瓦解了的小卫星的较小碎片集中在弧环中的缘故。

从望远镜看去，海王星只是一个小小的绿色圆面，它围绕太阳转一周要165年，也就是说，从人类发现它的踪迹至现在，它刚刚过完一个海王星年呢！如果人类移居到海王星上，按那里的年历，人的一辈子还活不到一个海王星岁。相反一辈子过的天数却会增加，因为海王星上的一天为16小时6.7分钟，比地球、天王

星略小。

海王星比天王星体积小一些，但它的密度相当大，约为1.64克/立方厘米，超过了木星、土星和天王星这三个胖子。它的质量是地球的17.23倍。海王星也有大气层和卫星，其中海卫一甚至比水星还大，而且正以螺旋式轨道缓慢地接近海王星，因此天文学家估计10亿年后它将撞上海王星。

海王星是太阳系中外缘的一颗巨行星，赤道直径49500千米。如果海王星上有洞，它能容纳近60个地球。海王星的内部是由熔岩、水、液氨和甲烷的混合物组成的。外面的一层是氢、氦、水和甲烷组成的气体的混合物。海王星云层的平均温度为零下193度至零下153度。

小知识大视野

海王星是在1846年9月18日被发现的，它是唯一利用数学预测而非有计划的观测发现的行星。天文学家利用天王星轨道的摄动推测出海王星的存在与可能的位置。迄今只有"旅行者2号"曾经在1989年8月拜访过海王星。

流星雨为何会发声

天空中传来一声尖利刺耳的声音，然后一颗流星放射着金黄色的光芒，飞快地掠过长空消失了，时间只有5秒钟左右。这一现象令人惊奇。怎么会先听到声音，然后才看到流星呢？

尽管许多人都认为这种现象的发生是不可能的，甚至让人不可思议，然而世界各地许多研究者积累的这类资料却是越来越多。

1929年3月1日，塔尔州切列多沃村居民先听到一阵响声，随后整个房子

都被照亮了，过了一会儿，又听到一声巨响。

最叫人难以理解的是：有些人能听到流星的声音，而另一些人却什么也听不到。例如：1934年2月1日，一颗流星飞临德国时，25个目击者中只有10个人听到了"啾啾"声和"嗡嗡"声。

1978年4月7日清晨，一颗巨大的流星飞过澳大利亚悉尼的上空，1/3的目击者在流星出现的同时听到了各种各样的声音，其余2/3的人则声称流星是无声的。

苏联一位著名的地质学家、地理学家、天文学家德拉韦尔特给这种奇怪的流星起了非常恰当的名字，即"电声流星"。

现在，科学家们都一致承认电声流星是客观存在的，一些专家认为，所有这一切都是由流星飞行时所发出的电磁波引起的。

这些电磁波以光速传播，一些人的耳朵能够通过至今还未知的方式把电磁振荡转换成声音，并且每个人听到的声音也不同，而对另外一些人来说，则什么也听不见。

宇宙中那些千变万化的小石块其实是由彗星衍生出来的。

当彗星接近太阳时，太阳辐射的热量和强大的引力会使彗星一点一点地瓦解，

并在自己的轨道上留下许多流星体。

　　流星体是太阳系内颗粒状的碎片，其尺度可以小至沙尘，大至巨砾；如果彗星与地球轨道有交点，那么这些小碎块也会被遗留在地球轨道上，当地球运行到这个区域的时候，就会产生流星雨。流星像条闪闪发光的巨大火龙，发着"沙沙"的响声，有时还有爆炸声。

小知识大视野

　　历史上规模最大的流星雨出现于1833年11月13日夜，当时的流星像飞雪源源而来，叫人目不暇接。后来科学家估计，那次下落的"仙女眼泪"在24万颗左右。

地球的运行状态

如果你有机会站在人造卫星上看，就能发现地球原来是一个东西长南北短的扁球。那么地球为什么是一个扁球呢？要想知道原因，必须知道地球是怎样运动的。

地球一方面绕着太阳旋转，每转一周，就是一年，这是地球的公转；另一方面，地球还绕着贯穿它南北极方向的"轴"而旋转，每转一周，就是一天，这是地球的自转。

由于地球在自转，地球上每一部分都在作圆周运动。这和汽车在转弯

时，乘客也都在沿圆周运动一样。

经验告诉我们，汽车转弯时，乘客有向远离圆心方向倾倒的趋势，这种趋势是由于乘客受到惯性离心力的吸引。地球上每一部分都受到惯性离心力的作用，因而也都具有一种离开地轴向外跑的趋势。

地球上各部分所受惯性离心力的大小，与它离开地轴的距离成正比，也就是说，距离地轴越远的地方，所受的惯性离心力越大。

赤道部分比两极部分距离地轴远得多，所以赤道部分所受到的惯性离心力也远大于两极部分。这样，千百万年过去以后，由于惯性离心力的差别，终于使地球的两头变小而肚子变大了。

地球的扁度是很小的，以前人们一直认为地球的南北直径比东西直径短1/297，就是短42千米。现在，根据人造卫星侦察的资料，精确地算出南北直径应该比东西直径短1/298。

现在运用激光技术可以测得地球与月球之间的精确距离，其误差仅为几米。按照美国和法国科学家较精确的计算，现在月球对地球的轨道是：近地点为35.65万千米，远地点为40.68万千米。

地球自转的平均角速度为每小时转动15度。在赤道上，自转的线速度是每秒465米。天空中各种天体东升西落的现象都是地球

自转的反映。人们最早就是利用地球自转来计量时间的。

地球自转一周的时间，约为23小时56分4秒，这个时间称为恒星日；然而在地球上，我们感受到的一天是24小时，这是因为我们选取的参照物是太阳。

由于地球自转的同时也在公转，这4分钟的差距正是地球自转和公转叠加的结果。天文学上把我们感受到的这1天的24小时称为太阳日。地球自转产生了昼夜更替。昼夜更替使地球表面的温度不至太高或太低，适合人类生存。

小知识大视野 ◆◆◆◆◆◆◆◆◆◆◆◆◆◆◆◆◆

我国古代关于流星雨的记录，大约有180次之多。其中天琴座流星雨记录大约有9次，英仙座流星雨大约12次，狮子座流星雨记录有7次。这些记录，对于研究流星群轨道的演变，都将是重要的资料。

流星是燃烧发光的现象

流星，我们在夜晚常能看到。有些人以为流星是从天上掉下来的星星。其实，流星和我们看到的星星是两码事。

我们看到的满天星斗，除了地球的几个兄弟是行星之外，都是非常巨大的恒星，是和太阳一样的天体。不过它们离地球非常遥远，和地球相碰的可能性几乎是零。因此，也不存在星星从天上"掉下来"。

那么，流星到底是怎么一回事呢？科学地说，流星是闯入大气层的一种星际物质，在大气层中燃烧发光的

现象。

　　地球附近的宇宙空间里，除了其他行星外，还有着各种星际物质，这些星际物质，小的似微尘，大的像一座山，在空间按照它们自己的速度和轨道运行，这些星际物质又可叫作流星体。

　　流星体是太阳系的天体，它围绕太阳运动，经过地球附近时，由于地球的吸引力，使它改变轨道向地球接近，并进入大气层。流星体的体积虽然很小，但动能很大，因此在同大气中的空气分子和原子碰撞时，动能和势能转化为热能，这种热能可使流星体熔化和燃烧而产生光。

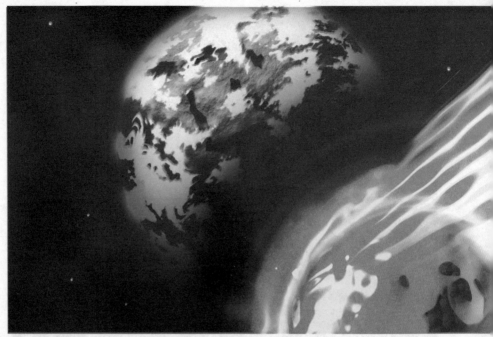

　　当然，流星体在大气里的燃烧，不是一下子就烧完的，而是随着流星体运动过程逐渐燃烧的，这样就形成了我们看到的那条弧形光。

　　流星体没有燃烧气化完，便降落到地面，形成陨星。其组成含硅酸盐多的称为陨石，含铁镍成分多的是陨铁，两者比例相当的为石铁陨星。

　　火流星看上去非常明亮，像条闪闪发光的巨大火龙，发着"沙沙"的响声，有时还有爆炸声。有的火流星甚至在白天也能看到。

　　火流星的出现是因为它的流星体质量较大，进入地球大气后来不及在高空燃尽而继续闯入稠密的底层大气，以极高的速度和地球大气剧烈摩擦，产生出耀眼的光亮，并且通常会在空中走出

"S"型路径。

当火流星消失后，在它穿过的路径上，就会留下一条云雾状的长带，称为"流星余迹"。这些流星余迹消失的时间长短不一，有的可以存在几秒钟至几分钟，有的甚至长达几十分钟。

小知识大视野

关于流星雨的发现和记载，我国是最早的，最详细的记录见于《左传》："鲁庄公七年夏四月辛卯夜，恒星不见，夜中星陨如雨。"鲁庄公七年是公元前687年，这是世界上天琴座流星雨的最早记录。

彗星从何而来

彗星是宇宙天体中一种流浪的天体，它不是经常能被我们所见到的天体。

彗星的出现有一定的周期性。彗星分两种：周期彗星和非周期彗星。不同周期彗星的周期不定，有的几年回归一次，有的几

十年回归一次，有的上百年或上千年回归一次;非周期彗星是永不回归。

　　周期彗星运行轨迹大部分是椭圆形和抛物线状。但非周期彗星轨迹是开放型双曲线，这种运行轨道是受天体间万有引力作用造成的。在行星的摄动下，一切的周期彗星都可变为非周期彗星，反之，有的非周期彗星也可变为周期彗星。

　　假如彗星的寿命那样短暂是事实，而且四分五裂是它们的命运，形成大量的宇宙尘埃而结局就是消亡，那么为何直至今还有那么多的彗星遨游于天际呢？为何在太阳系形成至今的亿万年间的漫长岁月里，彗星仍没有消失完呢？

　　这个问题有两种解释：一种是，彗星形成与它消亡的速度是等同的；另一种是，宇宙中的彗星无可计数，所以在今天仍未消失。但是第一种成立的可能性并不大，因为天文学家们直至现在也没有发现彗星仍在形成的证据。

彗星究竟从何而来呢?

荷兰天文学家奥乐特提推测在离开太阳系很远很远的边缘区,有一个彗星冷藏库,也就是彗星云,其中聚集着大量的彗核,估计彗星是从那里来的。

据估计,彗星云大约位于离太阳10万亿千米处。在那里,大约有10000亿颗彗星。在众多的彗星中,由于受某种力的影响,有少数彗星就能从太阳系边缘跑到太阳系里面,成为我们看得到的彗星。

还有一种假说认为,彗星本不是太阳系的成员,它们来自恒星际空间,在那里,有许多尘埃和气体混合的星云,由于引力不稳定,它们被分解为许多小气体尘埃团,凝结而成小晶粒,这些

小晶粒聚合成彗核。太阳在银河系里运行时，把这些小晶粒吸引到自己的周围，变成了彗星。

也有的科学家说，认为彗星是来自于太阳系内，是天王星和海王星未能吸住的小星子，在大行星的引力下，小星子跑到了太阳系的边缘，形成了一种彗星云。

小知识大视野

《天文略论》写道：彗星为怪异之星，有首有尾，俗像其形而名之曰扫把星。《春秋》记载，公元前613年，"有星孛入于北斗"，这是世界上公认的首次关于哈雷彗星的确切记录，比欧洲早600多年。

引人注目的彗星

　　20世纪末，全世界天文爱好者开始翘首以待，用期待和兴奋的心情迎接两个回归的彗星明星，即先有1996年的百武彗星，后有1997年的博普波普彗星闪亮登场。

　　彗星为什么如此引人注目呢？首先是它的奇异形状，毛茸茸的彗头中间嵌着闪光的彗核，拖着又长又透亮的彗尾；其次是彗星突然出现，来也匆匆，去也匆匆，有的则从遥远的行星际尽头奔向

太阳，随后又扬长而去，长久不归，如同浪迹太阳系的漂泊者。

埃德蒙·哈雷曾担任过格林尼治天文台台长。1682年，他通过分析观测记录，发现1531年、1607年和1682年的3颗彗星在出现方法、运行轨道和时间间隔上有着惊人的相似之处，于是他在1705年断定这几颗彗星是同一颗彗星的反复出现，并预言这一彗星将在1758年再度出现在空中，并且每隔76年将出现一次。

后来，哈雷的预言得以证实，该彗星在1758年的圣诞之夜果然再次回归，遗憾的是当时哈雷已经与世长辞，无缘与该彗星会面了。为纪念哈雷的功绩，从此，这颗彗星就被正式命名为"哈雷彗星"，这也是人类第一次预报归期的彗星。

20世纪，哈雷彗星有两次回归，第一次是1910年5月，地球在哈雷彗星庞大的尾巴中逗留了好几个小时，亮度如同火星，让人大饱眼福；第二次，1985年至1986年，就远不如上次壮观；直

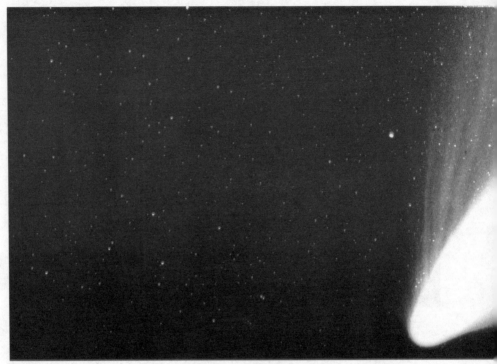

至1986年3月和4月，人们才在南半球的上空目睹了它的尊容。

哈雷彗星每76年回归一次，绝大部分时间深居在太阳系的边陲地区，即使用现代最大的望远镜也难以搜寻到它的身影。地球上的人们只有在它回归时才能够见到它。

1986年，天文学家已经认识到，彗星实际上是一个由石块、尘埃、甲烷和氨所组成的冰块。

彗核外表酷似一个深黑色的长马铃薯，就像一个脏雪球。这样的小个子，远离太阳时在地球上是无法辨认的，当这个脏雪球飞向太阳时，太阳的加热作用，使其表面冰蒸发升华成气体，与尘埃粒子一起围绕彗核成为云雾状的彗发和核，合称彗头。

彗发又使阳光散射，便形成星云般淡光的长长彗尾。这时，

彗头直径可达几十万千米，彗尾长达好几千万千米，变得好似庞然大物，但其质量却小得出奇，绝大部分集中于彗核，只是地球质量的1/10亿。

小知识大视野

周期彗星循着轨道周期性回到太阳附近来，只有在这时显得亮，我们在地球上才容易发现它。哈雷彗星是短周期彗星的代表，它的周期是76年，下次它来到太阳附近将是21世纪60年代，即2061年将会出现。

月亮的前世今生

月面上山岭起伏，峰峦密布，没有水，大气极其稀薄。月面上没有火山活动，也没有生命，是一个平静的世界。月球上为什么会有那么多坑呢？原来是因为月球诞生后，它的表面很快生成

一层薄薄的外壳，随着较重元素向月心方向聚集下沉，外壳层逐渐加厚。经过化学分异后的外壳层，被大的陨星或彗星撞击，在月球表面形成了巨大的盆地。

随着时间推移，外来天体物质对月球表面的撞击逐渐减少。被熔岩流填充的许多大盆地，形成了现在的月海。例如，月球正面的月海，科学家们认为是被一颗直径为96千米的小行星撞击以后形成的。这些小行星等天体对月球表面的撞击，经历了相当长的时期。

在39亿年至40亿年前，是月球表面遭受撞击最剧烈的时期。其实，月亮上并没有嫦娥，也没有玉兔，有的只是一个又一个的

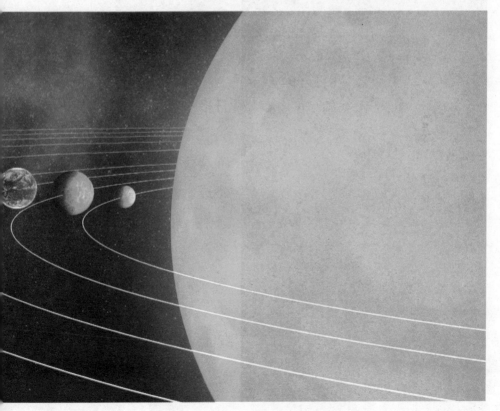

大坑小洼，那是陨石流星撞击所造成的。

　　月球上的坑通常又称为陨石坑，较大的陨石坑称为环形山，它是月面上最明显的特征。月球上的坑都是小行星撞击留下的，而地球上就没有那么多坑，这是为什么呢？

　　造成这一现状的根本原因在于我们居住的地球有大气层而月球和其他太阳系的一些行星都没有。许多小行星在撞击地球的过程中，因为和大气摩擦而烧毁，所以就对地球造不成伤害。

　　另外，因为地球有了空气，再加上地壳的运动，所以地球表面有了风力、地形和水流等的不同。

　　虽然这些因素没有地

壳运动、行星撞击那么强烈，但它们却无时不刻在作用着地球表面，这就是外力作用。经过长年的风蚀与水冲，它们使地表趋于平坦。

而月球上没有大气，自然就没有风，也没有雨，更不会有水流的冲击。别说一个行星撞击的坑，就是一个小陨石也会砸一个大坑。

陨石坑的中心往往会有一座小山，在地球上陨石坑内常常会充水，形成撞击湖，湖心有一座小岛。

小知识大视野

各个星体绕太阳公转的轨道大致是一个椭圆，它的长直径和短直径相差不大，可近似为正圆。太阳就在这个椭圆的一个焦点上，而焦点是不在椭圆中心的，因此星体离太阳的距离，有时会近一点，有时会远一点。离太阳最近的时候，这一点位置就叫做近日点。

称为最大天体的彗星

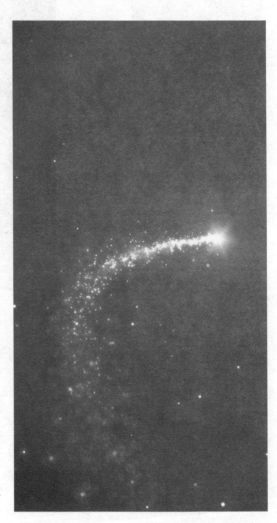

有一种天体沿着椭圆形或抛物线、双曲线轨道绕太阳转。当它们离太阳很近的时候，受太阳光和热的影响，部分物质被蒸发成气体，并被推到头部的后方，成为一颗奇特的带尾巴的星。这就是彗星。

地球不只一次穿过彗星的尾巴，1861年曾穿过一次，1910年又穿过了哈雷彗星的尾巴，可是这次却给一些人带来了大恐慌，一些国家的报纸竟宣扬世界的末日来临。不过，当地球穿过哈雷彗星的尾巴时，地球上的一切都很正常。

原来，彗星的尾巴是由很稀薄的气体组成的，当地球穿过彗星的尾巴时，就好像气球穿过薄云一样，根本没有什么影响。

好多书上这样说，如果把太阳系比作一个大家庭，太阳就是一家之主，家庭成员有绕太阳运动的八大行星和绕行星运动的众多卫星，还有许多彗星……太阳庞大的身躯是地球的130倍。

然而，在太阳系中，依照天体体积的大小定名次的话，太阳只能排第二，体积最大的天体应属彗星。彗星的彗头直径一般在5000米至25000米间，可是1811年出现的大彗星，它的彗头直径超过180万千米，比太阳的直径还大40多千米。有的彗星的彗头如果

加上慧发，其直径达1000万千米，与太阳比起来，太阳只能算个小弟弟。

彗星体积虽大，却轻如烟云，比太阳大上万倍的彗星，它的重量也只有太阳的2000亿分之一至2亿亿分之一，所以说彗星是一个外强中干的天体。

彗星是太阳系的成员，经常会出现在地球上空。1987年，天文学家就从望远镜发现了33颗彗星，只是一般都很暗，人们看不见。彗星的寿命不像一般天体那样长，它每接近太阳一次，彗星的脏雪球就会损耗一些，天长日久，它就会自己碎解，变成流星和宇宙尘埃，飘散在宇宙之中。

大多数彗星，每隔一段时间才能来到距离太阳和地球较近的

地方，如哈雷彗星要每隔76年左右的时间才会来到太阳身边一次。哈雷彗星每回归一次，被要被蒸发掉4米厚的一层"皮"，损失1亿吨物质。天文学家预计哈雷彗星的寿命还有25000多年，最多再回归340次。

小知识大视野

彗星通常是以发现者来命名，但有少数则以其轨道计算者来命名。同时彗星的轨道及公转周期会因受到木星等大型天体影响而改变，它们也有因某种原因而消失，无法再被人们找到。

会变色的天狼星

天狼星是大犬星座中最亮的星，它是离我们较近的一颗恒星，和地球相距8.7光年，它的亮度在天空中排行第六，所以，它也算是夜空中一颗比较明亮的星星了。

但是，令人不可思议的是它的颜色。在古代的巴比伦、古希腊和古罗马的书籍里，记载的天狼星是红色的，而今天人们发现

的天狼星却是一颗白色的星。

6世纪，法国历史学家格雷拉瓦·杜尔主教写给修道院的训示手稿中有关于天狼的记载。其中谈到天狼星是红色的，并且非常明亮。科学家托马斯·杰斐逊在1892年，重新提起了红色天狼星的问题。

科学家塞内卡也把天狼星描述成暗红色的，还要比火星的颜色更深。虽然如此，并非所有的古代观测者都看到红色的天狼星，如1世纪诗人马卡斯把它描写为天蓝色。

在我国古代，白色是天狼星的标准颜色，早至公元前2世纪晚至公元后7世纪若干记录都记述天狼星呈现着白色的光芒。这是为什么呢？

    1844年，德国天文学家贝塞尔发现，天狼星在天穹上移动的轨迹是波纹状的，而不是像其他恒星那样沿着直线前进。

    贝塞尔认为，这种现象表现天狼星实际上是颗双星。双星之间的相互引力，使得天狼星一边旋转，一边前进，所以看起来才像沿着波纹状的路线移动一样。

直至1862年，美国天文学家克拉克用当时最大的望远镜，才在明亮的天狼星旁边发现了一个微弱的光点，它正好在预先推测的伴星位置上。

天狼星的伴星是一个白矮星，它的表面温度很高，约为23000度，因而呈白色或蓝白色。但是由于体积很小，所以光度很小。天狼星本身亮度非常微弱，它的颜色是由其伴星起主导作用的。

从星体演变理论得知，白矮星是天体中一种变化较快的巨星。它的前期段是红巨星，那时其核心温度可达一亿度，当然是相当明亮的。随着它的内部核燃料逐渐耗尽，它就暗了下来。

小知识大视野

天狼星根据巴耶恒星命名法的名称为大犬座α星。在我国属于二十八星宿的井宿。天狼星是冬季夜空里最亮的恒星。天狼星、南河3和参宿4对于居住在北半球的人来看，组成了冬季大三角的3个顶点。

巨星是虚有其表的庞然大物

　　巨星指光度比一般恒星大而比超巨星小的恒星。恒星演化离开主序带后，体积膨胀，表面温度降低，变得非常明亮，因为这类恒星大约是太阳的10倍至100倍，所以被称为"巨星"。

　　光度级为Ⅱ的恒星称为亮巨星。对于具有一定的表面有效温度的亮巨星来说，它们的光度比巨星强而比超巨星弱。

　　超巨星的光度很大，说明其表面积显然比光谱型相同的非超巨星大。目前已测到一些蓝超巨星、黄超巨星和红超巨星的射电辐射，这对于研究其大气结构和活动，星周物质，星风和质量损失等问题十分重要。

　　巨星和超巨星的体积都十分庞大，有的比太阳大100倍乃至10万倍，它们的质量却只有太阳的几倍至几十倍，因此它们的密度就比太阳的密度小很多。巨星的平均密度可以和地上气体的密度相比，而超巨星的密度只有水的密度的1‰，原来这恒星世界的巨人，原来是虚有其表的庞然大物。

红超巨星是超巨星中的一种。虽然它们的质量不是最大的，但体积却是宇宙中最大的恒星。质量超过10个太阳质量的恒星，在燃烧完核心的氢元素，进入燃烧氦元素的阶段之后，将成为红超巨星。这些恒星的表面温度很低，但有极大的半径。

已知在银河系内最大的4颗红超巨星是仙王座μ、人马座KW、仙王座V354和天鹅座KY，它们的半径都是太阳的1500倍以上。大部分红巨星的半径是太阳的200倍至800倍，已经足以到达并超越地球到太阳的距离。

蓝超巨星是恒星的恒星光谱分类中的第一级，光谱型为O或B型，属于超巨星的其中一种。它们的温度与亮度皆非常高，表面

温度为20000度至50000度，质量约为太阳的10倍至50倍。最有名的蓝超巨星是猎户座的参宿七，SN 1987A也是一次蓝超巨星爆炸造成的结果，这也是天文学家首次观测到蓝超巨星爆炸。蓝巨星是恒星的恒星光谱分类中的第三级，为巨星的其中一种，蓝巨星拥有极高的亮度。

小知识大视野

黄超巨星是光谱类型为F或G的超巨星。只有少数罕见的超新星与黄超巨星的系统有所关联。已经侦测到的此类超新星只有2颗，多数的超巨星都是在蓝色（高热）阶段或红色（低温）阶段就成为超新星了。

根据北斗星的位置判断季节

　　北斗七星属大熊星座的一部分，从图形上看，北斗七星位于大熊的尾巴。这7颗星中有5颗是2星等，2颗是3星等。通过斗口的两颗星连线，朝斗口方向延长约5倍远，就找到了北极星。

　　北斗是由天枢、天璇、天玑、天权、玉衡、开阳、摇光7颗星

组成的。古人把这7颗星联系起来想象成为古代舀酒的斗形。天枢、天璇、天玑、天权组成为斗身，古时候叫作"魁"；玉衡、开阳、摇光组成为斗柄，古时候叫作"杓"。

季节不同，北斗七星在天空中的位置也不尽相同。因此，我国古代人就根据它的位置变化来确定季节。

北斗七星中，"玉衡"最亮，亮度几乎接近1星等。"天权"最暗，是5颗2星等。其他2颗都是3星等。在"开阳"附近有一颗很小的伴星，叫"辅"，它一向以美丽、清晰的外貌引起人们的注意。据说，古代阿拉伯人征兵时，把它当作测验士兵视力的"试验星"。

北斗七星始终在天空中作缓慢的相对运动。其中5颗星以大致相同的速度朝着一个方向运动，而"天枢"和"摇光"则朝着相反的方向运动。因此，在漫长的宇宙变迁中，北斗星的形状会发

生较大的变化。

　　每年3月至5月为春季，以4月中旬晚上八九点钟看到的星空为例，这时你会看到北斗七星斗柄指向东方。

　　每年6月至8月为夏季，以7月中旬晚上八九点钟看到的星空为例，这时北斗七星的斗柄指向南方。

　　每年9月至11月为秋季，以10月中旬晚上八九点钟看到的星空为例，这时北斗七星已来到北方低空。一般来说，这时在我国长江流域以南的地区是很不容易见到北斗七星了。

　　每年12月至第二年2月为冬季，冬季尽管天气寒冷，可冬夜星空中的亮星胜过其他3个季节，显得分外壮丽，这时北斗七星已来

到东北方天空，以1月中旬晚上八九点钟看到的星空为例，斗柄指向北方。冬夜星空的中心是出现在南方天空的猎户座。古希腊神话故事把猎户座想象成一位勇敢的猎人。

小知识大视野

大气，就是包围地球的空气。而天气，从现象上来讲绝大部分是大气中水分变化的结果。在太阳辐射和大气环流的共同作用下，形成的天气的长期综合情况称为气候。

北极星的位置不变的原因

北极星是天空北部的一颗亮星，离北天极很近，差不多正对着地轴，从地球上看，它的位置几乎不变，可以靠它来辨别方向。

　　由于岁差，北极星并不是永远不变的，每隔2000年北极星要循环一次。比如在麦哲伦航海的时代，北极星距离北天极有约8度的角度差，而现在，北极星更靠近北天极了，角度差只有40分。

　　天文学家根据地轴摇摆和恒星引力计算，到2100年，北极星将到达离北极点正上方最近的位置，它距离北天极将只有28分，然后，北极星就将逐渐远离北天极。

　　北极星现在很靠近地球北极指向的天空。因此，看起来它总在北方天空。正是因为它所处的位置重要，才大名鼎鼎。其实，按亮度它只是一颗普通的二星等，属于"小辈"。

　　北极星是小熊星座中最亮的一颗恒星，也叫小熊座 α 星。是一颗光谱型为晚型的F型高光度星，距离地球约400光年，质量约为太阳的5倍，是离地球最近的一颗亮星，在星座图形上，它正处于小熊的尾巴尖端。

北极星为什么会不动呢？因为地球是围绕着地轴进行转动的，而北极星正处在地轴的北部延长线上，因此我们夜晚看天空时北极星是不动的，而且在头顶偏北方向，所以才可以指示北方。

又由于在一年四季里地轴倾斜的方向不变，而且北极星据地球距离远远大于地球公转半径，所以地球公转可以忽略不计，一年时间里我们看到在天空的北极星都是不动的，它的位置没有发生变化，地轴一直指向于北极星。

北极星是野外活动、古代航海方向的一个很重要指标，由于它永远代表正北方向，所以在野外迷路时可以用北极星来判断方向。

由于北极星不是天空中最亮的星星，所以需要通过其他星座来定位北极星的所在。

那么怎样找到北极星呢？先找到北斗七星，然后将勺子最开始的两颗星天枢、天璇延勺底至勺口的方向连起来并作射线，在两颗北斗星距离的5倍处即是北极星的所在。

小知识大视野

还有一种找到北极星的方法是先找到仙后座，呈W形的5颗星，其中3颗较亮，2颗较暗，在较亮的3颗星形成V的底部、那颗星王良四和它前面的一颗小星王良二，向前延伸3倍多距离即可找到北极星。

"牛郎" "织女" 相隔多远

牛郎星距离地球是16光年，织女星距离地球是26.3光年，它们之间的距离也十分遥远，是16.4光年，它们看起来只是两颗小小的光点。

其实，牛郎星和织女星都是巨大的星球。织女星的体积是牛

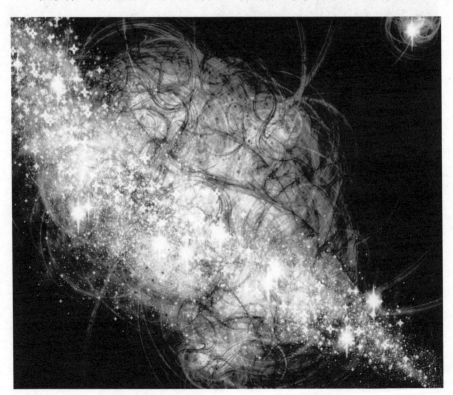

郎星的8倍，重量约是牛郎星的1.5倍，其表面温度高达8900度，比牛郎星高出近2000度。

古代传说牛郎织女农历七月初七鹊桥相会。实际上牛郎星织女星相距的距离，即使乘现代最强大的火箭，几百年后也不可能相会。

牛郎星是河鼓2，它是排名全天第十二的明亮恒星，呈白色。牛郎星两侧的两颗较暗的星为牛郎的一儿一女，即河鼓1、河鼓3。传说是牛郎用扁担挑着一儿一女在追赶织女呢！夏天，它和织女星、天津4星构成了"夏季大三角"。牛郎星位于大三角南端。

排成一条直线的3颗星中最大最高的就是牛郎星，也叫作牵牛星。阿拉伯人把这3颗星叫作天平星，我们也把它们叫做作担星。牵牛星是恒星，它的光辉是太阳的8倍，它每秒钟接近太阳33千米。

织女星是一个椭球形的恒星，北极部分呈淡粉红色，赤道部分偏蓝。织女星每12.5小时自转一周，自转速度较快，所以整颗恒星呈扁平状，赤道直径比两极大了23%。

织女星的直径是太阳直径的3.2倍，体积为太阳的33倍，质量为太阳2.6倍，表面温度为8900度，呈青白色。它是北半球天空中三颗最亮的恒星之一，距离地球大约26.3光年。

织女星和附近的几颗星连在一起，形成一架七弦琴的样子，西洋人把它叫作"天琴座"。它目前以每秒14千米的速度移近太阳。

织女星1.3万多年以前曾经是北极星，由于地轴的进动，现在的北极星是小熊座α星。

然而，再过1.2万年以后，织女星又将回到北极星的显赫位置上。

小知识大视野

在织女星的旁边，有4颗星星构成一个小菱形。传说这个小菱形是织女织布用的梭子，织女一边织布，一边抬头深情地望着银河东岸的牛郎河鼓2和她的两个儿子河鼓1和河鼓3。

陨石带来的灾难

　　陨石是我们直接认识太阳系各个星体的实物标本，非常珍贵，具有很高的收藏价值。陨石多半带有地球上没有或不常见的矿物组合，以及经过大气层高速燃烧的痕迹。至于太空人登上外

星球，如月球，所带回来的则不叫陨石，那会称为月球矿石。

　　加拿大科学家通过10多年的观测总结，每年降落到地球上的陨石有20多吨，大概有20000多块。

　　由于陨石大多数都落到了海洋、荒草、森林和山地等人烟罕至的地区，所以我们发现并收集到手的陨石每年只有几十块，数量极少。它大多由天而落，形状不一。

　　陨石是地球以外未燃尽的宇宙流星脱离原有运行轨道或成碎块散落到地球或其他行星表面的、石质的、铁质的或是石铁混合物质，也称陨星。大多数陨石来自小行星带，小部分来自月球和火星。

　　陨石落到屋顶的事件也时有发生，还有部分陨石坠落到公共设施和工业厂房的屋顶，因为没有造成伤害，而没有被注意。

1847年，一块陨石击中一艘从日本开往意大利的船只，两名水手不幸丧命。

1954年11月30日发生在美国亚拉巴马州的一个小城：一块重3900克的陨石残块击穿了屋顶和天花板，击伤了一名正在睡觉的妇女。

不过陨石陨落直接伤人的事件是极为罕见的。陨石落入人群或房屋的概率有多大呢？

研究人员做出许多推断：若按每一个人占0.2平方米的面积计算，落到人身上的最小陨石残块的重量不超过几克。通常，200克

以上的陨石块才能击穿屋顶和天花板。

如果陨石的总重量为500克，那么5块陨石每一个都能击穿屋顶，但是，质量较小的陨石就不会导致这一后果。

科学家用外推法分析和研究得出一个结论：在世界50亿人口中，质量不小于100克的陨石陨落事件的概率为10年1人次。陨星击穿屋顶的概率也不过年均0.8次。

小知识大视野

1976年3月8日15时，空前的陨石雨降临吉林省吉林市，吉林市陨石雨由此成为奇观。当时共收集到较大陨石138块，总重2616千克，现被吉林市博物馆收集展出。其中最大块重1770千克，是目前世界上最大的石陨石。

南极的大量陨石

　　南极洲的陨石非常丰富。1980年，美国科学家对南极维多利亚地区的阿伦丘陵地带的一块陨石进行检验，在切割时发现它异常坚硬，连锯条对它都毫无作用，于是便对其中的一小块进行金相学和衍射分析。检验结果表明，这块陨石内含金刚石、郎士德

珊瑚石和石墨。以前在陨石中尚未发现过金刚石晶体。

在南极冰盖的某些地区，为什么能有大量的陨石被集中地发现呢？是不是在南极从天而降的陨石特别多呢？

其实，在世界各地，陨石出现的可能性是大致相等的，只不过降落在南极的陨石更加容易保存下来，降落在南极冰盖上的陨石会深深地钻入冰面以下，由于南极寒冷洁净的自然条件，这些陨石被很好地保护起来，并随着冰川的流动而运动。

当冰川遇到内陆山脉和冰盖下隐蔽的山脉时，由于冰下地形的影响，冰被拦阻后不断上升，表层冰雪不断升华，有些地区冰的抬升速度和升华速度大约是年均0.1米，使冰中的陨石距离冰面越来越近，埋藏越来越浅，最终暴露在冰雪表面，并逐步集积在阻挡冰流的山脉处。

在南极纯白色的冰面上，这些黑褐色的陨石是非常显眼的，甚至在很远处就可发现。存在南极冰盖中的陨石，随冰雪的流动被一同推往大海的方向，其中绝大多数陨石将最终掉入大海，被人类发现的只是其中极小的一部分。

科学家在对南极陨石的研究中，还发现了几块高含量的碳质

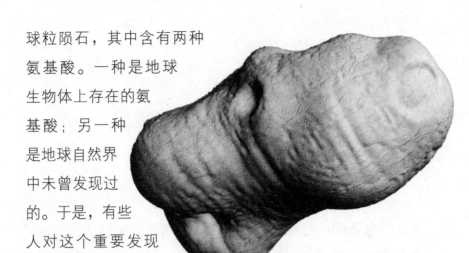

球粒陨石，其中含有两种氨基酸。一种是地球生物体上存在的氨基酸；另一种是地球自然界中未曾发现过的。于是，有些人对这个重要发现提出怀疑。

科学家认为，这些氨基酸很可能是受地面污染后产生的。有人很早就提出，如果南极陨石上真含有氨基酸，地球上生命或许就是当年这些陨石携带进来的有机物质在海洋里经过亿万年化学变化过程而诞生的。而地球外有氨基酸存在，说明地球外一定有外星生命和外星人存在。

小知识大视野

　　我国南极考察队于1999年、2000年和2002年3次组织考察，在位于南极冰盖深处的格罗夫山地区，总共发现了4482块珍贵的"天外来客"南极陨石，使得我国的陨石库在世界排名第三。

月有阴晴圆缺

　　中秋节是我国的传统节日，为每年农历八月十五。农历八月为秋季的第二个月，古时称为仲秋，因处于秋季之中和农历八月之中，故民间称为中秋，又称秋夕、八月节、八月半、月夕、月节，又因为这一天月亮满圆，象征团圆，又称为团圆节。

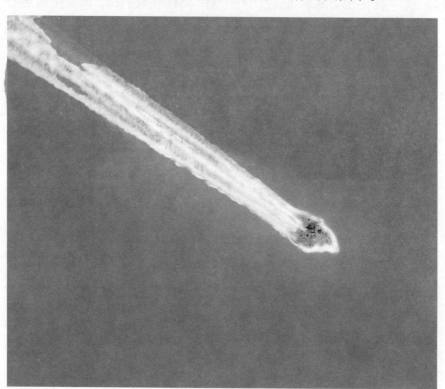

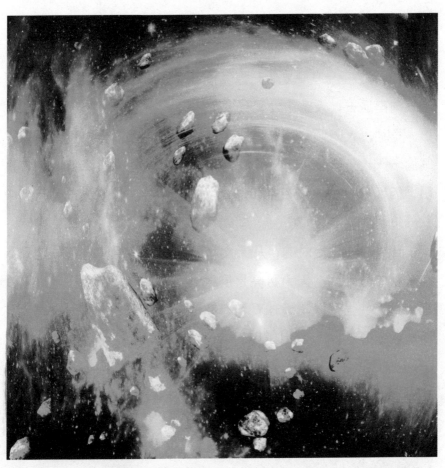

俗话说"月到中秋分外明"，每年都有12个月，每月阴历十五，月亮都要圆一次。可是为什么月到中秋分外明呢？

天文专家解释说，月亮到了农历八月十五这天显得格外明亮，是秋天特有的清爽气候所形成的。冬春两季，风沙比较大，气候干燥；夏季多雨，空气中有大量的水汽。

这些情况都会使月光通过大气时变得黯淡。而秋季多晴朗天气，秋风较弱，大气中的水汽和尘沙较其他季节少，月光通过大气时受空气中的尘沙和水汽折射少，自然要比其他季节明亮得多。

从气象学观点看是有一定道理的。因为每当这个时候，北方吹来的干冷气流迫使夏季一直回旋在我国大部分地区上空的暖湿空气向南退去，天空中云雾减少了。

同时，太阳倾斜度渐渐变大，地面得到太阳光热逐渐减少，气温一天比一天低了，干燥、寒冷的冬季风使水汽降低，空气透明，因而秋高气爽，夜空如洗，月亮分外皎洁，使人产生月到中秋分外明的感觉。

当然这也是相对的，从天文学的角度看，月亮也不一定只有在中秋才分外明。因为月亮是反射太阳光才亮的，故在地球上看来，月光的强弱既与地球看到月亮的反光面大小有关，又与月亮距地球远近及月亮离太阳远近有关。

当月亮反射太阳光的月面最大而近于正圆形，这时，月光应是最明亮的，一般在农历每月十五或十六，甚至十七。同时，月亮绕地球旋转轨道是椭圆形的，近地点也不一定是十五。另外，地球绕太阳旋转轨道也是椭圆的，近日点一般都在农历十一、二月，不在八月。由此可见，月到中秋分外明的说法也是相对而言的，它包含着人们的某种寄托和情思。

小知识大视野

在古代，人们往往把陨石当作圣物。比如，古罗马人把陨石当作神的使者，他们在陨石坠落的地方盖起钟楼来供奉。匈牙利人则把陨石抬进教堂，用链子把它锁起来，以防这个"神的礼物"飞回天上。

极昼与极夜

　　地球上有没有一年只有一昼一夜的地方？答案是肯定的，在北极和南极一年就是一昼一夜。为什么在北极和南极会出现这种情况呢？

在春分时候，太阳光直射在地球的赤道附近，此时南北极所受的光照范围相同。而过了春分，太阳光直射在北半球上，以至在秋分之前，即从3月下旬至9月下旬，太阳老是在北极的低空上，此时北极地区都是白天，称为极昼。

到了秋分，太阳又直射在赤道上，南北两极所受的光照又相同。而过了秋分，太阳直射点在南半球，以至在从9月下旬至翌年3月下旬，北极地区都是晚上，称为极夜。南极与北极则恰恰相反。从春分到秋分的半年时间为晚上，即极夜，而从秋分到春分的半年时间为白天，即极昼。

在极夜期间，太阳光照不到极地，当然，此间南极或北极相当寒冷。即使在极昼时，由于太阳升得很低，斜悬在天边，太阳光穿过厚厚的大气层，热量被削弱，因此，南极或北极在极昼时也仍然是冰天雪地。

极昼与极夜的形成，是由于地球在沿椭圆形轨道绕太阳公转时，还绕着自身的倾斜地轴旋转而造成的。

原来，地球在自转时，地轴与其垂线形成一个约23.5度的倾斜角，因而地球在公转时便有6个月时间两极之中总有一极朝着太阳，全是白天；另一个极背向太阳，全是黑夜。南、北极这种神奇的自然现象是其他大洲所没有的。

在南纬90度，即南极点上，昼夜交替的时间各为半年，也就是说，那里白天黑夜交替的时间是整整一年，一年中有半年是连续白天，半年是连续黑夜，那里的一天相当于其他大陆的一年。

如果离开南极点，纬度越低，不再是半年白天或半年黑夜，极昼和极夜的时间会逐渐缩短。

到了南纬80度，也有极昼和极夜以外的时候才出现一天24小

时内的昼夜更替。

　　如果在极昼期间到南极或北极旅游，那么就可以看到奇特的日出奇观：太阳升上地平线之后，循着螺旋形的轨道缓慢上升，上升至一定位置后，再慢慢地落入地平线。太阳始终斜斜地挂在地平线的附近。

小知识大视野

　　如果在极夜期间去遨游，则可以看到：那里的天空是明亮的，并不像我们想象的那样可怕。在月光和星光的照射下，冰雪显得格外美丽。当月亮半圆的时候，一天天升起来，并且终日不落，满月的时候升得最高。

日食总是发生在农历初一

所谓"食"就是指一个天体被另一个天体或其黑影全部或部分掩遮的天文景象。日食发生的原因是地球上的局部地区被月影所遮盖而造成的。

日食必发生在农历的初一。这是因为只有在那一天，月亮才会出现在太阳与地球之间的连线上，这样才有可能使月球挡住太阳而形成日食。

为什么不是每个月的农历初一都有日食，还有，为什么不是每个月的农历十五都会有月食呢？

这是因为除了上面的条件外，影响日食和月食出现的还有其他一些因素。我们把地球围绕太阳公转的轨道称为黄道，把月球围绕地球公转的轨道称为白道。黄道平面与白道平面不是相同的，它们之间平均有5度09分的夹角，并且随时发生变化。只有当月球运行到黄道和白道的升交点和降交点附近时，才会发生日食。

日食共有三种，即日偏食、日环食和日全食。月球遮住太阳的一部分叫日偏食；月球只遮住太阳的中心部分，在太阳周围还

露出一圈日面，好像一个光环似的叫日环食；太阳被完全遮住的叫日全食。这三种不同的日食的发生跟太阳、月球和地球三者的相互变化着的位置有关，并且也决定于月球与地球之间的距离变化。月球比太阳小得多，它的直径大约是太阳直径的1/400，而月球与地球间距离也差不多是太阳与地球间距离的1/400，所以从地球上看，月亮与太阳的圆面大小差不多相等，因而能把太阳遮住进而发生日食。

太阳和月亮的视角度都是大约半度，而月球公转一周是360度，就是每个小时移动半度，即一个月球的位置，所以日食从开始到结束最多两个小时的时间，即移动两个月球的位置，如果不是全食则时间更短。另外，因为地球在自转，太阳在空中的位置每个小时移动15度，这样，就是说在30度的范围内，太阳带着月

球同时移动，并同时发生日食现象。

对古代人而言，日食是十分可怕的。我国古代认为日食是因为一条龙吞掉了太阳，其他的文明也认为这是不祥之兆，有许多"解决方法"：打鼓、朝天空射箭、用物或人祭祀等。

小知识大视野

公元前1217年5月26日，居住在我国河南省安阳的人民，仰望天空时发现，之前光芒四射的太阳，突然产生了缺口，光色也暗淡下来。但是，在缺了很大一部分后，却又开始复原了。这就是人类历史上关于日食的最早记录，它刻在一片甲骨文上。

月球上面能否安家

对于生命，水是至关重要的，人体生命在没有水的情况，连一星期也维持不了。1998年3月5日，美国国家航空和航天管理局的科学家们向全世界郑重宣布：他们在月球表面陨石坑阴暗的深处发现了水。

科学家们指出，月球上发现水对人类走向太空具有里程碑式的意义。因为离地球最近的月球有可能因此成为人类探测太阳系其他星球的跳板和中转站。他们认为，即使月球上水的储量只有3300万吨，也可保证24万人在月球表面生活100多年。

随着美国科学家连续发布在木星、卫星和月球上都找到水痕迹的消息，世界航天界再次把目光凝聚在地球外生命的探索上。

1987年，美国UFO学者科诺·凯恩奇在观察美国"阿波罗8号"宇宙飞船所拍摄的照片时，发现一个发亮的圆形物体，经过对照片进行放

大，这个圆形物体正是一个UFO，其体形大得不可思议。

后来，照片上又显示出其他许多飞碟，还有其他矗立的物体。有的UFO直径约20000米，相当于地球上的一座城镇。

1987年，苏联人造卫星对月球拍摄的照片显示：月球上放着美国空军在第二次世界大战时失踪的一架重型轰炸机。

这架飞机表面布满了一层绿色物体，似乎刚从海里打捞上来一样。后来，那架轰炸机已经无踪迹了。科学家们大惑不解：这么庞大的巨型轰炸机是如何被运上月球的？是何种生命体干的？又为何把它藏匿起来了？

联想到月球上出现过UFO，再联想到月球上出现的水，UFO学者推测月球上的巨型轰炸机是UFO的操纵者，也就是指活动在地球之外的超级智能生命所搬运的。

也就是说，月球上是存在着人类生存条件，这种条件以一个关键因素为基础，即月球水。

由此可以想象在神秘的太空中还有智慧生物在活动，它们来无影去无踪，那么人类能不能发展到这种程度呢？

小知识大视野

星星按种类分：恒星，行星，卫星，矮行星，小行星，彗星等；恒星按阶段分：新星，主序星，红巨星，超新星；恒星按大小分：矮星，巨星，超巨星；恒星按组合分：单星，双星，聚星和星团；恒星其他分类：非变星，变星。

极光的产生

在寒冷的极区，人们举目瞭望夜空，常常见到五光十色，千姿百态，各种各样形状的极光。毫不夸大地说，在世界上简直找不出两个一模一样的极光形体来。

古时候，有人说它是神灵点的灯，因纽特人以为那是鬼神引导死人灵魂上天堂的火炬。就连科学家对这种现象也迷惑不解，曾一度认为它是格陵兰冰原反射的光。随着科学的发展，人们终于找到了极光的答案。

太阳是一个巨大的炽热球体，它不断向外发射大量的带电粒子。这些细小的颗粒大部分被地球的磁场挡住，只有很少一部分顺着磁力线来到地球的两极，钻进大气层里。

这些带电粒子与高空大气中的分子激烈碰撞，激发出极光来。这种光在北极上空产生叫北极光，在南极上空出现叫南极

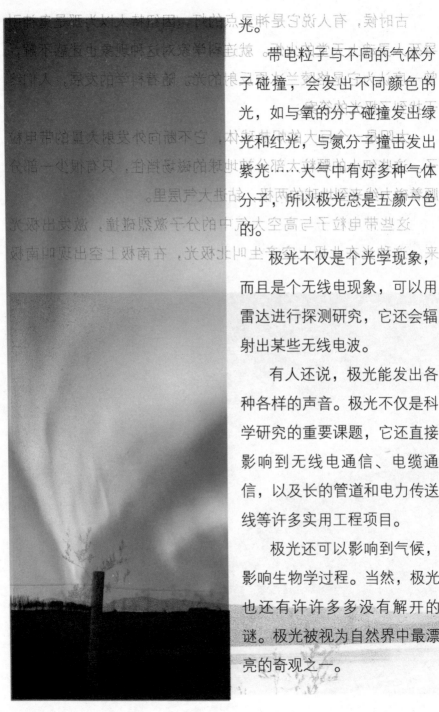

光。

带电粒子与不同的气体分子碰撞，会发出不同颜色的光，如与氧的分子碰撞发出绿光和红光，与氮分子撞击发出紫光……大气中有好多种气体分子，所以极光总是五颜六色的。

极光不仅是个光学现象，而且是个无线电现象，可以用雷达进行探测研究，它还会辐射出某些无线电波。

有人还说，极光能发出各种各样的声音。极光不仅是科学研究的重要课题，它还直接影响到无线电通信、电缆通信，以及长的管道和电力传送线等许多实用工程项目。

极光还可以影响到气候，影响生物学过程。当然，极光也还有许许多多没有解开的谜。极光被视为自然界中最漂亮的奇观之一。

　　如果我们乘着宇宙飞船，越过地球的南北极上空，从遥远的太空向地球望去，会发现围绕地球磁极存在一个闪闪发亮的光环，这个环就叫作"极光卵"。

　　由于它们向太阳的一边有点被压扁，而背太阳的一边却稍稍被拉伸，因而呈现出卵一样的形状。极光卵处在连续不断的变化之中，时明时暗，时而向赤道方向伸展，时而又向极点方向收缩。处在午夜部分的光环显得最宽最明亮。

　　从科学研究的角度，人们将极光按其形态特征分成五种：一是底边整齐微微弯曲的圆弧状的极光弧；二是有弯扭折皱的飘带状的极光带；三是如云朵一般的片朵状的极光片；四是面纱一样均匀的帐幔状的极光幔；五是沿磁力线方向的射线状的极光芒。

小知识大视野

　　极光一般都在80千米至100千米的高空出现。1958年2月10日夜间的一次特大极光，在热带地区都能见到，而且显示出鲜艳的红色。这类极光往往与特大的太阳耀斑暴发和强烈的地磁暴有关。

天空总是蓝色的原因

　　白天的天空总是蔚蓝色，天为什么是蓝的，而不是绿的或红的呢？

　　首先我们要明白一个道理：我们周围的事物之所以显现出颜

色来，仅仅是因为阳光
照射它们。虽然阳光看
上去是白色的，但是所
有的颜色，红、橙、
黄、绿、青、蓝、紫，
在阳光里都存在。

　　天空里有这么多颜
色，为什么我们平时看
到的只有蓝色呢？如果
把光线设想为波浪，你
就会猜破这个谜了。

　　光就像一个波浪那
样在不停地运动。我们
来设想一下一滴雨落在
一个水洼里的情景。当
这滴雨落到水面上时，
就会产生小波浪，波浪
一起一伏地变成更大的
圈，向着四面八方扩展
开去。如果这些波浪碰
上一块小石子或一个别
的什么障碍物，它们就
会反弹回来，改变了波

浪的方向。

　　而阳光从天空照射下来，一样会连续不断地碰到某些障碍。光线从这些众多的小"绊脚石"上弹回，自然也就改变了自己的方向。可是那么多颜色的光改变了方向，为什么只有蓝色被看到呢？

　　我们还得回到刚才说的那个水洼里。水洼里，小的波浪遇到小石子的话，水面便被搞得混乱不堪；但如果是一个"巨浪"，假如你用手在水洼边掀起的那种"巨浪"，它就有可能干脆从石头上溢过去，并畅通无阻地到达水洼的对面边缘。

　　那么，就像有大波浪和小波浪一样，各种各样颜色的光波也有不同的"波浪"，也就是波长，不过它们不像水波的波浪，能用肉眼看出大小，因为波长小得难以想象，它们只是一根头发的1/100，得用很灵敏的测量仪表才可以精确地测定出来的。

根据科学家的测定，蓝色光和紫色光的波长比较短，相当于"小波浪"；橙色光和红色光的波长比较长，相当于"大波浪"。当遇到空气中的障碍物的时候，蓝色光和紫色光因为翻不过去那些障碍，便被散射得到处都是，布满整个天空，天空就是这样被散射成了蓝色。

发现这种散射现象的科学家叫瑞利，他也是诺贝尔奖获得者。

其实从地球以外望过来也是一样：覆盖我们地球2/3面积的海水也散发着蓝光，陆地上虽然有土地的褐色或森林的绿色，然而上空却总是蓝色的。从宇宙中看来，整个地球都被裹着一块轻柔的蓝色面纱。

所以，地球被称作"蓝色星球"是完全正确的。它那独特的蓝色，就是生命的颜色。

小知识大视野

在北极地区、海洋上或其他一些地方，人们看到一种罕见的自然奇观：四角形的太阳、绿色的太阳和蓝色的太阳。1979年，波兰的"晨星"号帆船上的水手们看到了一闪即逝的绿色太阳，它发射绿宝石那样的艳丽绿光。

傍晚天空呈现红色的原由

　　我们通常看到，白天的天空总是蔚蓝色，可清晨或傍晚却变得红彤彤的，真是奇妙无穷。

　　我们知道，地球周围包着很厚的大气层，空气虽然是透明

的，但是空气中含有许多微小的尘埃、冰晶和水滴，太阳光是穿过这层厚厚的大气才照到地球表面的。

太阳光由红、橙、黄、绿、蓝、靛、紫颜色组成，白天的时候，太阳光穿过大气层，红色光的波长最长，透射的能力最强，一直透射到地面上；而蓝色的光在碰到空气中的尘埃和水滴时，散射到四面八方，这些散射光进到人的眼睛里，我们看到的天空就是蓝色的。

黄昏时的太阳光斜着穿过大气层，光线在空气中走过的距离比白天远得多，容易分散的蓝光在离我们很远的途中就都散射

掉了，几乎没有蓝光能进到我们的眼睛里。而红色的光却能跑得很远，经过大气层一直进到我们眼睛里，这样我们看到的天空就是红色的。

也许你平时注意到，早晚的太阳是红色的，当空气中灰尘特别多时，透过雾气看太阳和灯光，也都是红色的，这都是因为蓝色在经过尘埃和水滴时散失了，只有红光反射到我们眼睛里。

我们把早晚天边出现红彤彤的现象叫彩霞。彩色的云霞，类似于彩虹。早上，太阳从东方升起，如果大气中水汽过多，则阳光中一些波长较短的青光、蓝光、紫光被大气散射掉，只有红光、橙光、黄光穿透大气，天空染上红橙色，形成朝霞。

火烧云是日出或日落时出现的赤色云霞，它并不像彩虹那么有规律。火烧云属于低云类，是大气变化的现象之一。它常出现在夏季，特别是在雷雨之后的日落前后，在天空的西部出现。

火烧云的色彩一般是红彤彤的。火烧云的出现，预示着天气暖热、雨量丰沛、生物生长繁茂的时期即将到来。

古代有"朝霞不出门，晚霞行千里"的说法，日出前后出现鲜红的朝霞，这说明大气中的水汽已经很多，而且云层已经从西方开始侵入本地区，预示天气将要转雨的征兆。

出现大红色的金黄色的晚霞，表示在我们西边的上游地区天气已经转晴或云层已经裂开，阳光才能透过来造成晚霞，预示笼罩在本地上空的雨云即将东移，天气就要转晴了。

小知识大视野

火烧云是日出或日落时出现的赤色云霞。火烧云属于低云类，是大气变化的现象之一。它常出现在夏季，特别是在雷雨之后或日落前后。由于地面蒸发旺盛，大气中上升气流的作用较大，使火烧云的形状千变万化。

圆形的天文台顶

一般房屋的屋顶，不是平的就是斜坡形的，唯独天文台的屋顶与众不同，远远望去，银白色的圆形屋顶好像一个大馒头，在阳光照耀下，闪闪发光。

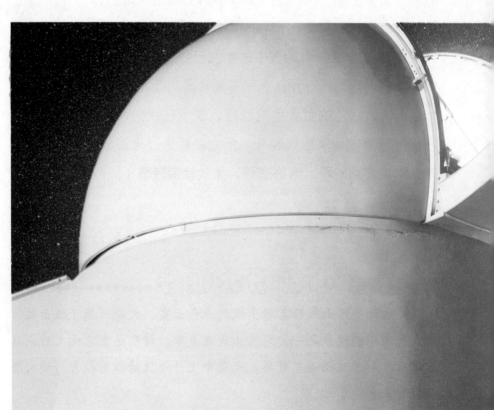

为什么天文台要造成圆顶结构呢？是为了好看吗？当然不是，天文台的圆顶完全不是为了好看，而是有它特殊的用途。我们看到的这些银白色的圆顶房屋，实际上是天文台的观测室，它的屋顶呈半圆球形。

　　走近一看，半圆球上都有一条宽宽的裂缝，从屋顶的最高处一直裂开到底的地方。再走进屋子里一看，嘿！哪里是什么裂缝，原来是一个巨大的天窗，庞大的天文望远镜就通过这个天窗望向辽阔的太空。

　　所以将天文台观测室设计成半圆形，是为了便于观测。在天文台里，人们是通过天文望远镜来观察太空的，天文望远镜往往

做得非常庞大，不能随便移动。

　　而天文望远镜观测的目标，又分布在天空的各个方向。如果采用普通的屋顶，就很难使望远镜随意指向任何方向上的目标。天文台的屋顶造成圆球形，并且在圆顶和墙壁的接合部装置了由计算机控制的机械旋转系统，使观测研究十分方便。

　　这样，用天文望远镜进行观测时，只要转动圆形屋顶，把天窗转到要观测的方向，望远镜也调到了同一方向，就可以使望远镜指向天空中的任何目标了。在不用时，只要把圆顶上的天窗关起来，就可以保护天文望远镜不受风雨的侵袭。

　　当然，并不是所有天文台观测室都要做成圆形屋顶，有些天文观测只是对准南北方向进行观测，观测室就可以造成长方形或方形的，在屋顶中央开一条长条形天窗，天文望远镜就可以进行工作了。

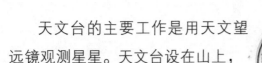

天文台的主要工作是用天文望远镜观测星星。天文台设在山上，是因为山上离星星近一点吗？不是的。

地球被一层大气包围着，星光要通过大气才能到达望远镜。大气层中的烟雾、尘埃以及水蒸气的波动等，对天文观测都有影响。

尤其在大城市附近，夜晚城市灯光照亮了空气中的这些微粒，使天空带有亮光，妨碍天文学家观测较暗的星星。在远离城市的地方，尘埃和烟雾较少，情况要好些，但是还不能避免这些影响。

越高的地方，空气越稀薄，烟雾、尘埃和水蒸气越少，影响就越少，所以天文台大多设在山上。

小知识大视野

现在，世界上公认的3个最佳天文台台址都是设在高山之巅，这就是夏威夷莫纳凯亚山山顶，海拔4206米；智利安第斯山，海拔2500米的山顶；大西洋加那利群岛，2426米高的山顶。

月球上能行驶车辆

月球车是一种能够在月球表面行驶并完成月球探测、考察、收集和分析样品等复杂任务的专用车辆。

在实验室里，这个重要角色的学名是"月球探测远程控制

机器人"，人们习惯叫它"月球车"。

世界上第一颗人造卫星发射成功后，人们便开始准备飞向地外天体。然而，在对月球表面探测过程中，采取什么的运输工具才有可能在月面上进行实地考察呢？于是，科学家们就研制成功了一种特殊的探测仪器——月球车。

为了使月球车在月面上能够顺利行驶，美国、苏联曾发射一系列的卫星探测，并对月面环境进行反复的科学实验，为在探测器上携带月球车的成功打下了可靠的基础。科学家对经由月球车月面的实地考察所带回的宝贵资料进行分析研究，大大深化了人类对月球的认识。

月球车可分为无人驾驶月球车和有人驾驶月球车。无人驾驶月球车由轮式底盘和仪器舱组成，用太阳能电池和蓄电池联合供电。世界上第一台无人驾驶的月球车于1970年11月17日由苏联发射的"月球17号"探测器送上月球的。

有人驾驶月球车主要由月球车的每个轮子上的一台发动机驱动，靠蓄电池提供动力。主要作用是扩大宇航员的活动范围和减少体力消耗，它可随时存放宇航员采集的岩石和土壤标本。

从某种意义上说，月球车属于机器人技术。月球车无论是轮式的还是腿式的，都应具有前进、后退、转弯、爬坡、取物、采样和翻转等基本功能，甚至具有初级人工智能，例如，识别、爬越或绕过障碍物等。这些都与现代机器人所具有的功能相似。

但是，月球车仅有这些功能是不够的。它是一种在太空特殊环境下执行探测任务的机器人，即太空机器人，既有机器人的属

性，更具有航天器的特点，不同于地面使用的工业机器人、医学机器人和家用机器人。月球车必须适应航天特殊环境，包括力学环境和空间环境。力学环境指月球车在发射上升过程中运载火箭产生的冲击、振动、过载和噪声；在月面降落过程中制动火箭产生的冲击、过载和可能用气囊缓冲着陆产生的多次弹跳、翻滚。月球车必须经得起这些摔、打、滚、爬等折腾。

 小知识大视野 ◆▪▪▪▪▪▪▪▪▪▪▪

　　"中华牌"月球车，按照我国航天计划时间表，2013年，"嫦娥3号"会将"中华牌"月球车送上月球，使其完成月球软着陆过程，并实施无人登月探测，主要探测月球表面及内部情况。

图书在版编目(CIP)数据

天文知识看台/高立来编著. —武汉:武汉大学出版社,2013.6(2023.6重印)

(天文科学丛书)

ISBN 978-7-307-10787-8

Ⅰ.天… Ⅱ.高… Ⅲ.①天文学-青年读物 ②天文学-少年读物
Ⅳ.P1-49

中国版本图书馆 CIP 数据核字(2013)第 100449 号

责任编辑:刘延娆 责任校对:夏 羽 版式设计:大华文苑

出版发行:武汉大学出版社 (430072 武昌 珞珈山)
(电子邮箱:cbs22@ whu. edu. cn 网址:www. wdp. com. cn)

印刷:三河市燕春印务有限公司

开本:710×1000 1/16 印张:10 字数:156 千字

版次:2013 年 7 月第 1 版 2023 年 6 月第 3 次印刷

ISBN 978-7-307-10787-8 定价:48.00 元